“十三五”国家重点图书出版物出版规划
经典建筑理论书系
加州大学伯克利分校环境结构中心系列

城市设计新理论

A New Theory of Urban Design

［美］C. 亚历山大
H. 奈斯
A. 安尼诺
I. 金
著

陈治业　童丽萍　译
汤昱川　审校

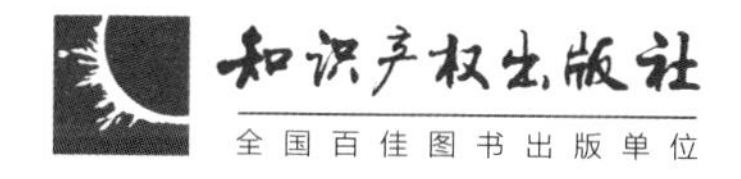

图书在版编目（CIP）数据

城市设计新理论 /（美）C. 亚历山大等著；陈治业，童丽萍译. —北京：知识产权出版社，2019.10

（经典建筑理论书系）

书名原文：A New Theory of Urban Design

ISBN 978-7-5130-6262-6

Ⅰ. ①城… Ⅱ. ①C… ②陈… ③童… Ⅲ. ①城市空间—建筑设计 Ⅳ. ①TU984.1

中国版本图书馆 CIP 数据核字（2019）第 097852 号

责任编辑：李　潇　刘　翯　　　责任校对：潘凤越

封面设计：红石榴文化·王英磊　　　责任印制：刘译文

经典建筑理论书系

城市设计新理论

A New Theory of Urban Design

［美］C. 亚历山大　H. 奈斯　A. 安尼诺　I. 金　著

陈治业　童丽萍　译

汤昱川　审校

出版发行：知识产权出版社有限责任公司　　网　址：http：//www. ipph. cn

社　址：北京市海淀区气象路 50 号院　　邮　编：100081

责编电话：010-82000860 转 8119　　责编邮箱：liuhe@cnipr.com

发行电话：010-82000860 转 8101　　发行传真：010-82000893/82005070

印　刷：三河市国英印务有限公司　　经　销：各大网络书店、新华书店及相关销售网点

开　本：880mm×1230mm　1/32　　印　张：7.625

版　次：2019 年 10 月第 1 版　　印　次：2019 年 10 月第 1 次印刷

字　数：187 千字　　定　价：69.00 元

ISBN 978-7-5130-6262-6

京权图字：01-2016-8198

关于作者

C. 亚历山大曾被授予美国建筑师学会（American Institute of Architects）颁发的研究一等奖。他是一位执业建筑师和承包商，是加利福尼亚大学伯克利分校（University of California，Berkeley）的建筑学教授、ACSA 的著名教授和环境结构中心主任（Director of the Center for Environmental Structure）。

《城市设计新理论》是这套描述全新建筑与规划思路的系列丛书的第五卷。出版这套丛书的目的是在我们现有的建筑、营造与规划理念之外提供一种完整可行的新思路，并希望这种新思路能逐步取代当前的观念和做法。

第一卷 建筑的永恒之道
第二卷 建筑模式语言
第三卷 俄勒冈实验
第四卷 住宅制造
第五卷 城市设计新理论

城市设计新理论

C. 亚历山大　H. 奈斯

A. 安尼诺　　I. 金

过去一些神圣庄严的城市如威尼斯（Venice）或阿姆斯特丹（Amsterdam），给人一种整体感觉：在这些城市中，无论是大的饭店、商店和公共花园，还是小的阳台和装饰物，在外观的各个方面都表现出有机的统一。然而，在现代城市中，往往缺乏这种整体感。很显然，对于那些忙于解决单个结构的建筑师和只顾执行地方法规的城市规划者来说，要获得整体感几乎是不可能的。

环境结构中心这套备受推崇的系列丛书的最新一册中，集建筑师与规划师于一身的 C. 亚历山大和他的同事提出了一种新的城市设计理论，其目的是为了再现城市有机发展过程。为了找到创建日益增长的城市整体性发展所需要的各种法规，作者提出了一套初步法则，共七条，它们体现了实际发展的过程，与城市的日益发展要求相吻合。

随后作者对这些法则进行了实验，并与许多研究生一起，对旧金山高密集区进行模拟城市再设计，启动了一项涉及大约 90 种不同的设计问题的项目，包括仓库、饭店、渔人码头、音乐厅和公共广场。这种大范围的实验都按工程顺序一个个记录存档，并用楼层平面图、立面图、街道网络、立体投影图和按比例缩小的模型照片对各项工程是如何满足这七条法则的问题进行了详细的说明。

《城市设计新理论》一书为城市问题的讨论提供了一种完全新型的理论框架，极大地弥补了今天的城市所存在的缺陷。

目　录

CONTENTS

INTRODUCTION

序言

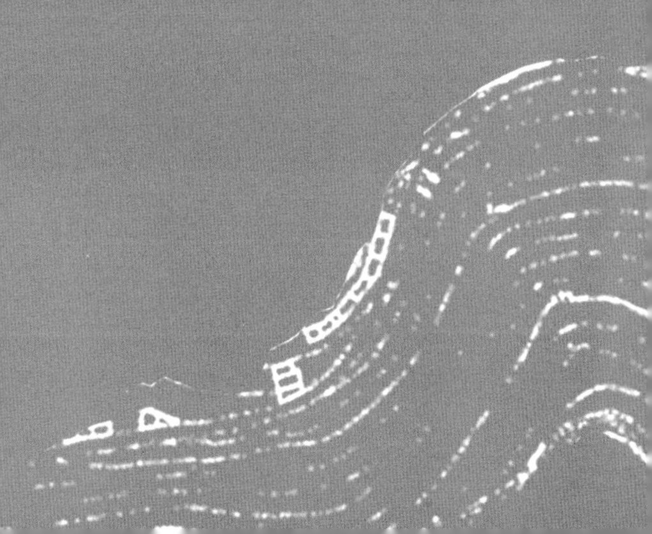

这本书描述了我们在 1978 年所做的实验，该项实验范围广、历时长、涉及人员多。在结束这项实验后，我们感到了它的重要性，有必要将它写出来并尽快出版。

与此同时，我们所取得的成果又很难准确地描述。我们备有一份描述这项实验的手稿，但即使这份手稿也没有将我们取得的成果说清楚。在过去的六年中，我们不断地重温这份手稿，以决定如何描述我们在这项实验中所做的工作。

最后，在我们对所做的工作得出了许多可能的解释后，我们认识到所做的一切归纳起来就是一种新的城市设计理论。这并不是我们有计划要创造的东西。本书的书名也似乎有夸耀之嫌，因为我们所做的一切还是很不全面的。

而从其他方面说，《城市设计新理论》的确描述了我们所做的一切工作。我们构想出了一套完全崭新的审视城市设计方法的理论，以及在这种新理论指导下的详细实践。目前这种理论仍然有很多漏洞和不完善之处，但在原则上不失为一个全新的理论。正是出于这种缘故，我们选用了这个书名。

当我们观察过去那些最美丽的城镇时，总是对它们的某种“有机感”留下深刻印象。这种“有机感”不是一种与生物形式相联系的模糊感觉，也不是一种类比。相反，它是对这些古老城镇过去和现在都具有的明确结构特征的一种准确洞察，即每个城镇都是按照自身的整体法则发展起来的。无论在宏观上，还是在细部环节上，饭店、人行道、住宅楼、商店、集市、道路、公园、花园和城墙，甚至在阳台和装饰物上，我们都能够感受到这种整体性。

这种特征在今天建设起来的城镇中已不复存在，也不可能存在。因为没有任何一门学科积极主动地着手创建整体性。无论是建筑学，还是城市设计或城市规划，都没有把创造这种整体性作为任务，它当然就不会存在。换言之，它不存在是因为人们没打算让它存在。

没有一门学科能够创建整体性，因为没有任何一门学科试图去创建它。

虽然，城市规划没有试图去创建整体性，它只是忙于执行某些法律条文。建筑学也没能这样做，这是因为它忙于解决单体建筑物的问题。况且在城市设计中有一种浅薄的观点：仿佛整体性的问题可以作为一种美学问题在视觉层次上得以解决。无论怎样，至少“城市设计”这个词语的确使人们把城市看作一种必须从三维而不是从二维层面解决问题的复杂事物。

因此我们在本书的书名中采用了城市设计这个词语，因为在我们看来，在目前所有的学科中，城市设计是最应当负责城市整体性的学科。

但是我们提出的是一门完全不同于今天已知的城市设计的学科。我们认为，创建城市整体性的任务只能作为一个流程来处理，它不能单独靠设计来解决。而只有当城市成形的过程发生根本性变化时，整体性的问题才能得以解决。

因此，我们认为，最重要的是流程创造整体性，而不仅仅在于形式。如果我们创建出一个适宜的过程，就有希望再次出现具有整体感的城市。如果我们不改变原有的过程，实现城市整体化就毫无希望。

本书是定义这种流程的第一步。

我们定义的流程是依据一系列早期的理论和实践革新方法得出的。

在 20 世纪 70 年代初期，我们课题组就成功地定义和划分了大量所谓的“模式”。这些模式明确指明了城市整体化所需要的某些空间关系。我们定义的模式包含了从最大规模的城市到最小的房屋建筑，这些模式在本套系列丛书的第一卷《建筑的永恒之道》和第二卷《建筑模式语言》中已探讨。

在第三卷《俄勒冈实验》一书中，作者提出，根据这些模式，一套完整的可实施的规划过程允许一个社区的用户负责他们自己的环境；人们可以通过运用这些模式将社区环境的发展过程引导到一条健康的轨道上。

后来发表的《住宅制造》和《林茨咖啡》表明，以这些模式为基础的建筑，其实体的几何形态将完全不同于我们所知道的情形。同时还表明，为了产生出这类形态，房屋建造过程不得不进行根本的变革。

此外，还有一些更为重要的发现。1976—1978年，作者之一的C. 亚历山大已经认识到位于这些模式“之后”有一种更深的结构层。在这个结构层上，有可能只需定义少量的几何特性就能决定空间整体性，更为突出的是，有可能定义一个单一流程，那时被随意地称为“鹰架流程”（the centering process）。该流程能够在任何规模内产生出这种整体性（15种左右的几何特性），而不用考虑特定规模的特殊性所要求的特殊功能顺序。因此，鹰架流程似乎能够在各个方面产生出整体性，包括喷漆、铺地砖、门廊、房屋平面图、房屋的三维空间构图、花园或街道，甚至相邻街区。

目前，这些空间特性和鹰架流程的理论还没有发表，它将在《秩序之本》中予以描述。而由于这些发现，两位作者C. 亚历山大和I. 金在1978年初开始设想一种全新的城市设计过程，这一过程完全由“鹰架流程”所指导。更确切地说，我们开始设想一种城市发展或城市设计的流程。假如每一项决策在任何时刻都由“鹰架流程”所指导，那么这种城市发展或城市设计的流程几乎会是自发地从社区成员的行动中创造出城市整体性。

我们决定通过一项实验来验证这一想法。

我们首先假设了一套七条法则，这些法则在实践水平上体现了“鹰架流程”，并且与城市发展的实际要求相一致。当时我们选择了旧金山海滨的一块地（将要开发的 30 英亩土地），模拟利用这七条法则的假想流程来指导未来五年间的全部开发。这种模拟结果将在本书的第二部分中予以论述。

在这个模拟中，有可能看到在这七条法则影响下城市发展的新部分。最后我们能够看到这一流程的最终结果，因为五年以后城市就会是这样的。实验在某些方面是成功的，尽管它缺少许多重要的细节，尽管仍然有许多问题有待于解决，然而，从总体上说这项实验是有效的。它以完全不同于今天的城市规划和设计方法创造了整体性或者近似整体性，也似乎有可能创造出比我们的简单实验更为深刻的整体性。

它将成为一种城市三维结构设计新理论的开端。

PART I. THEORY
第一部分

理论

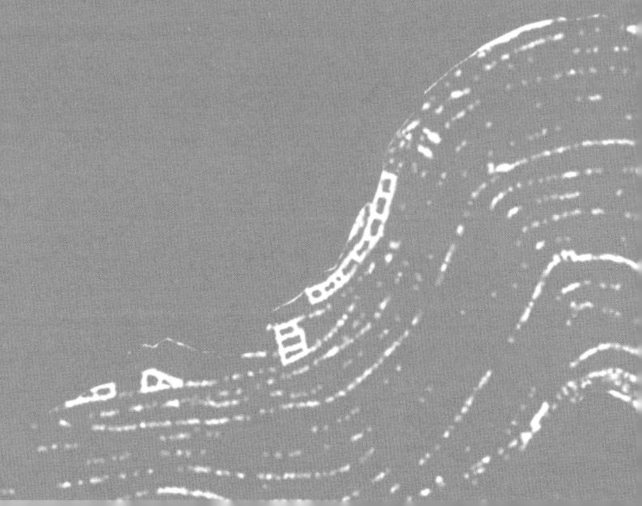

第一章

整体发展的思路

当我们说某些事物整体发展，是指它自身的整体性，是它的出生地、起源以及连续生长过程中的不断繁衍。新的生长是由原有具体的、特殊的结构属性产生的。它是一个独立的整体，这种整体的内在规律及它的发展支配着事物的连续性，并控制着事物向更高阶段发展。

如果体会过那些有机整体的城镇，我们就能十分强烈地感觉到这种特性。在某种程度上，我们可以知道它是一种历史现象。同时，也可以简单地在现时结构中感觉到它是一种历史的沉积。

这种整体性发展现象不仅在古城镇中存在，在所有生长的有机体中也都存在（这就是为什么我们总感到老城镇是那么有机的，因为它们和有机体一样，享有这种自我确定和内部调节的整体性发展）。这种整体性发展还存在于所有的艺术佳作中，在绘画、诗歌的创作过程中。

我们随时随地能意识到，事物的发展都是从当下起被一种趋向整体化的冲动而创造的。这种趋于整体化的冲动也会支配下一步的发展，在方案设计、扩展设计或细部设计中，也在大大小小的城市整体规划设计中……

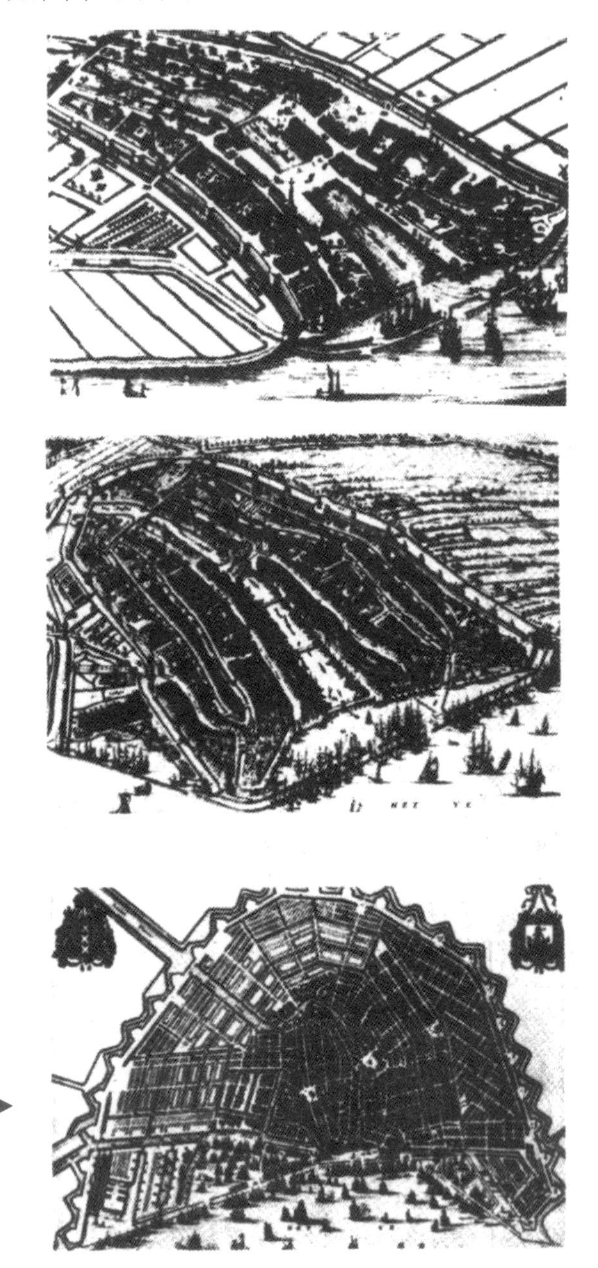

阿姆斯特丹的发展▶

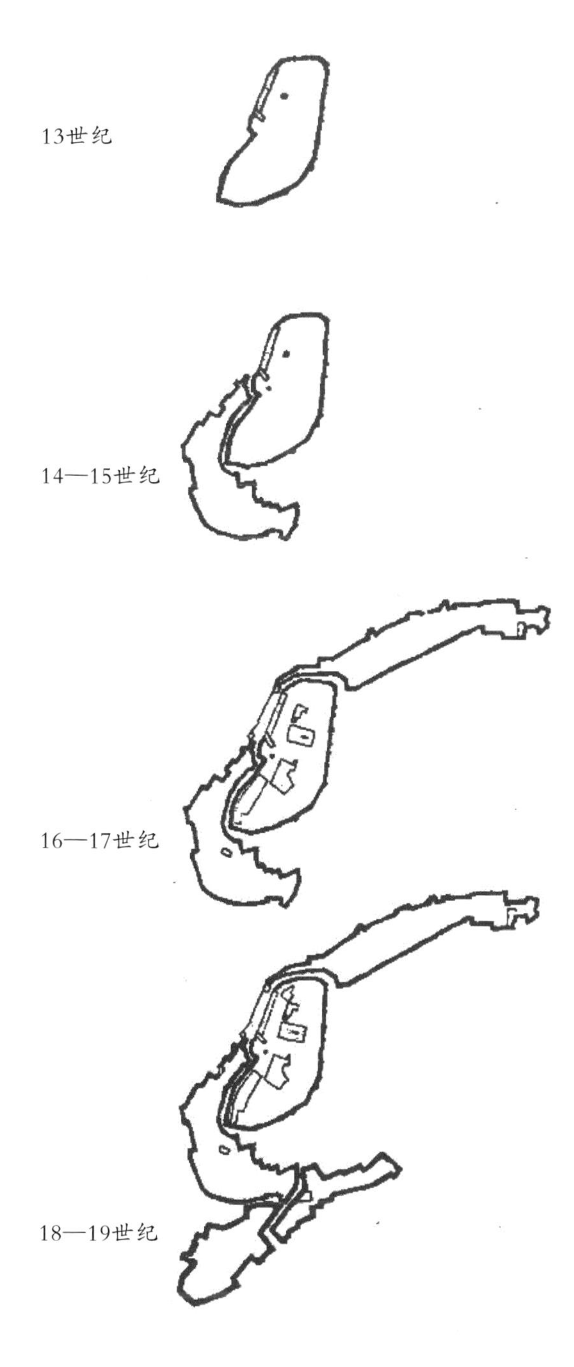

山城的发展▶

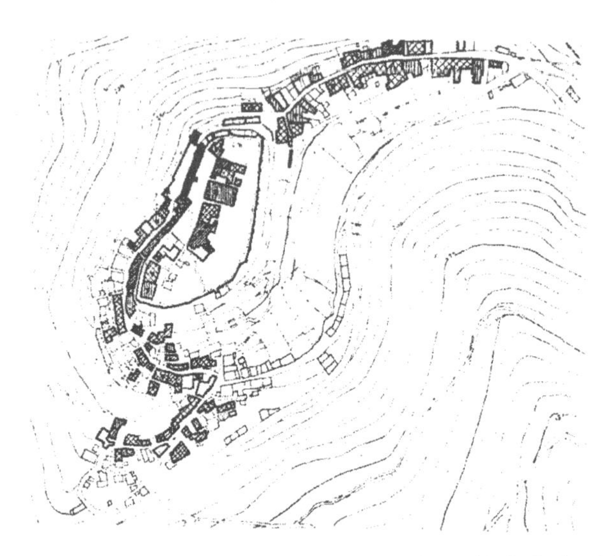

这种特性也存在于梦想中，人们梦想的演变也受其以往经历的影响。它也存在于哄孩子睡觉时所编讲的故事中，故事中的每句话都告诉我们下一步将发生什么令人好奇的事情，激起我们无限的幻想，把我们重新带回那完整的世界中，使孩子兴奋无比。

Ɛ⊃Ƨ

在每一个完整生长的事物中，肯定有一些基本的不可缺少的特征。

第一，整体化是渐进的，一步一步进行的。

第二，整体化是不可预测的。当它刚开始出现时，人们并不清楚它将如何继续，或在什么地方停止。因为只有这种整体性生长的相互作用，以及整体化的自身法则，才能显现出它的延续性和最终结果。

第三，整体化是连贯的。它是真正完整的，而不是支离破碎的。它的各个部分也是完整的，就像一个梦的各部分一样，以一种令人吃惊和复杂的方式描述着一个个生动的画面。

第四，整体化总是富于感情的。这是因为整体化本身与我们密不可分，接触我们的灵魂深处，对我们有着极大的震撼力，催人泪下，使人兴奋无比。

所有传统的城镇在他们自身的发展过程中都具有这些特点。

然而现代城市发展的过程则不具备这些特点，因为它根本不考虑发展过程中的整体性。

第一，尽管现代城市的发展是渐进的，但是这种渐进的特点对于发展的整体性没有多大作用。它仅仅是渐进的，并且产生出一些毫无关联的、导致混乱的行为。

第二，现代城市的发展在深层意义上并非不可预测。多数情况下，它是由概念、计划、设计和方案所控制的。但这些计划本身不具有产生整体性发展的能力，相反，它们导致一种人为的不自然的整体性。

第三，有计划的发展通常在深层意义上也是不连贯的。假定它是连贯的，我们不妨扪心自问：从我们在传统城镇中所知道的整体性的真正深层含义上讲，目前的城市设计项目的产品是否真正是连贯的？我们不得不说，它是不连贯的。因为这种连贯性是肤浅的，仅仅表现在计划上和某些不自然的排列顺序上；它们缺乏深层次的内在连贯性，那种可在每个门厅、每个台阶和每条街道上感受到的连贯性。

第四，那些我们认为还算正常的有现代规划的发展肯定没有能力唤起人们深厚的情感。充其量能够带给人们对“设计”的某种羡慕，但远远谈不上内心深处的激动，更不可能有丝毫的震撼力量。

那么，究竟哪种过程可以实际给一个城市带来整体性——真正意义上的整体性?

根据我们所提出的对于整体性的概括，虽然，整体性是由过程得来的。具体地说，过程必须保证每一种新的建设行为在深层次意义上都与过去所发生的一切相联系。这种情况只能通过将创造整体性作为其最重要目的的一种过程来实现。在这个过程中，每一个建设项目，无论多么小，都要服从于这个目的。

这样一个过程可以存在。

在下文中，我们将尝试着概括能够动态产生整体性的实验过程的特性，然后给出这一过程的法则。这些法则非常详细，在城市建设中具有可操作性。在第二部分，我们将通过旧金山沿岸建筑物的模拟实例来表明这个过程在实践中是如何运作的。在第三部分，我们将评估我们的实验结果，并再次总结这个过程的特性。

第二章

总法则

让我们考虑一下怎样的过程才能使一个城市逐步整体化。

在自然界，使物体逐步整体化的内在法则当然是深奥和复杂的。犹如浮现在人们脑海中的一首诗或一幅画，我们从来没有问过那是采用了什么法则，因为没有必要，人们只需跟着潜意识去做就行了。

然而在生物组织中，我们已开始更加具体地问其自身是什么法则在起作用。但从过去的 50 年看，也就是从认真提出这个问题的时期起，生物发展史告诉人们：这是一个多么难以回答的问题！尽管我们知道，从遗传学到细胞学，以及到整个地球的各个层面上都肯定有非常具体的法则，但是我们系统、完整地理解和描述这些不断出现的有机体生长、发展和结构形态的内在法则的能力则仍然是极其有限的。更确切地说，我们不知道它是如何运作的。或许有可能在数百年后的某一时期能够正确地描述它。

对于一个城市来说，整体性的产生既没有绘画那么容易，也没有生物学那么充裕的研究周期。画家可以不用理解，仅靠大脑的一时冲动就能产生出整体性，而我们的工作则要涉及非常多的人。生物学家对未知的生物现象可以耐心等待几十年，我们则没有这么多的时间。

城市中发生的一切现象我们都必须考虑。如果城市的建设过程没有产生出整体性，我们会立刻感受到。因此，我们要想方设法克服自己的无知，逐渐了解城市是一种巨大网络过程的产物，逐渐了解什么方式可以使这些过程协同作用产生出整体感。

因此，我们必须学会理解产生城市整体化的法则。即使是营造一座城市的一小部分，也需要数千人的合作才能成功。只有我们明确阐明这些法则，并且能够公开、详尽地把它们应用到正常的城市发展过程中，才能创造城市的整体性。

我们目前面临的问题是：要创造一个城市或城市的一部分日益增长的整体性，需要什么法则，以及这些法则在哪些层次上起作用。

正如我们在下文中将看到的一样，即使在一个过程的“粗略草图”中，我们也已经发现有必要定义一种非常庞杂的在七个不同的结构方面运作的法规（或法则）系统。本书后续将用大部分笔墨来论述这七条法则的运作方式。

不过，在讨论这些法规或法则在不同层次上的作用之前，我们必须首先清楚认识到它们的总目标。我们通过形成一个单一的最重要的并控制所有其他法则的法则来实现这一目标。

ꕥ

让我们考虑一个正在发展和变化的城镇或城镇的一部分。

现在让我们想象在这整个城镇的许多层面上都存在着一个单一过程。我们强调“单一”（single）这个词，这个过程之所以是一个单一过程，因为它只有一个目的：简单地说，就是在各处创造整体性。

当然，详细说来，一个城镇的发展是由许多过程组成的——新建筑的施工、建筑方案的竞标、开发商谋求生存、住户修筑房屋辅助设施、园林建设、工业生产、市政工程局的活动、街道清扫与维修等。

但这些活动都是混乱的，很难融为一体，因为它们不仅在行为的具体方面不同，而且由完全不同的动机所驱使。

公益部门想建造低造价的房屋，用来帮助贫困家庭；运输部门想加快城市的交通流速；城市官员关心的是通过区划条例保持各自不同的职能；办公室的职员想严格遵守法规以防失业；房屋业主想保持他们的房屋完整无缺；土地所有者想尽可能多地从他们的租户那里挣钱，并花尽可能少的钱买到土地；山脉俱乐部（Sierra Club）成员想保护城市的自然景观。

在这些目的中，有许多就它们自身范围来说都是重要的，并且是有益的。但由于它们是如此地不同，很难决定到底什么是城市发展要达到的总体目标。人们困惑于这种目标的多重性，到后来，城市的整体发展和建设不是由一种明确的动机指导，而是被多种不同动机的大杂烩所指导。

当然，或许有人说，这种大杂烩是高度民主的，正是这种大杂烩才最完美地表达了人类欲求的丰富多彩。但麻烦的是，在这种观点内部没有平衡意识，没有合理的方法确定这种大杂烩内部的不同目标各自的权重。例如，在20世纪七八十年代所盛兴的观点支配下，交通已经变得极为强盛。事实上，在所做的城市决策中，交通方面的要求已达到完全不合理的程度。

很明显，这种情况下，大杂烩根本不是中立的或民主的。过分强调某种因素，就会忽略另一些因素。总之，没有整体的意识，这种著名的大杂烩只能引起思想上的混乱，导致人类某些特定的目标可能突然变得重要，而另一些竟然几乎被遗忘。结果使我们的城市在一种失衡的压力体制下建成，完全忽视了城市建设中必须考虑的一些因素。

出于这种缘故，我们提出要以完全不同的态度重新开始。我们想假设一种单一的过程，即在多种层次上采用各种不同的方法进行设计的过程。但由于它具有单一的目标，这个过程本质上是一个单一过程。这一单一目标是什么，简单地说，就是创造环境的整体性。

它听起来好像很幼稚，但事实上是有益的。尽管整体化很难被定义并且由此引起如此多的讨论，但仍有许多人凭直觉就能十分清楚地知道整体化意味着什么。因此它是一种非常有用的心灵表达方式，促使人们去注意不同目标之间的平衡，并用平衡的方式将事物放在一起。

我们唯一的总法则可以表示为：每一个建设项目都必须从如何健全城市的方面考虑。

在这个句子中，“健全”（heal）这个词必须理解为具有“使其整体化”（make whole）的传统意义。它不仅包括对已经建成的整体性的修复，也包括新的整体性的创建。

任何时刻，我们都要考虑城市是由一系列相互联系与重叠的整体组成，无论是健全的或不健全的。在后面的 200 余页中，“一个整体”（a whole）或“健全”（healing）的定义将通过实例加以论述。

用最浅显的方式表达，这条法则为：每一个新的建设行为必须有一种基本职责：它必须创建一种连续的完整自给的结构。

在 1978 年开始撰写但仍未发表的手稿《秩序之本》中，提出了一系列关于整体性特征的重要研究成果。

这些成果构成了以下事实：

（1）整体性或连贯性是空间构形的客观条件，这种条件在任意给定的空间都或多或少地存在并且能够测定。

（2）产生整体性的结构形式总是存在于它自身特定的环境中。因此，绝不会有两种完全相同的形式。

（3）整体性的条件总是由相同的、具有明确定义的

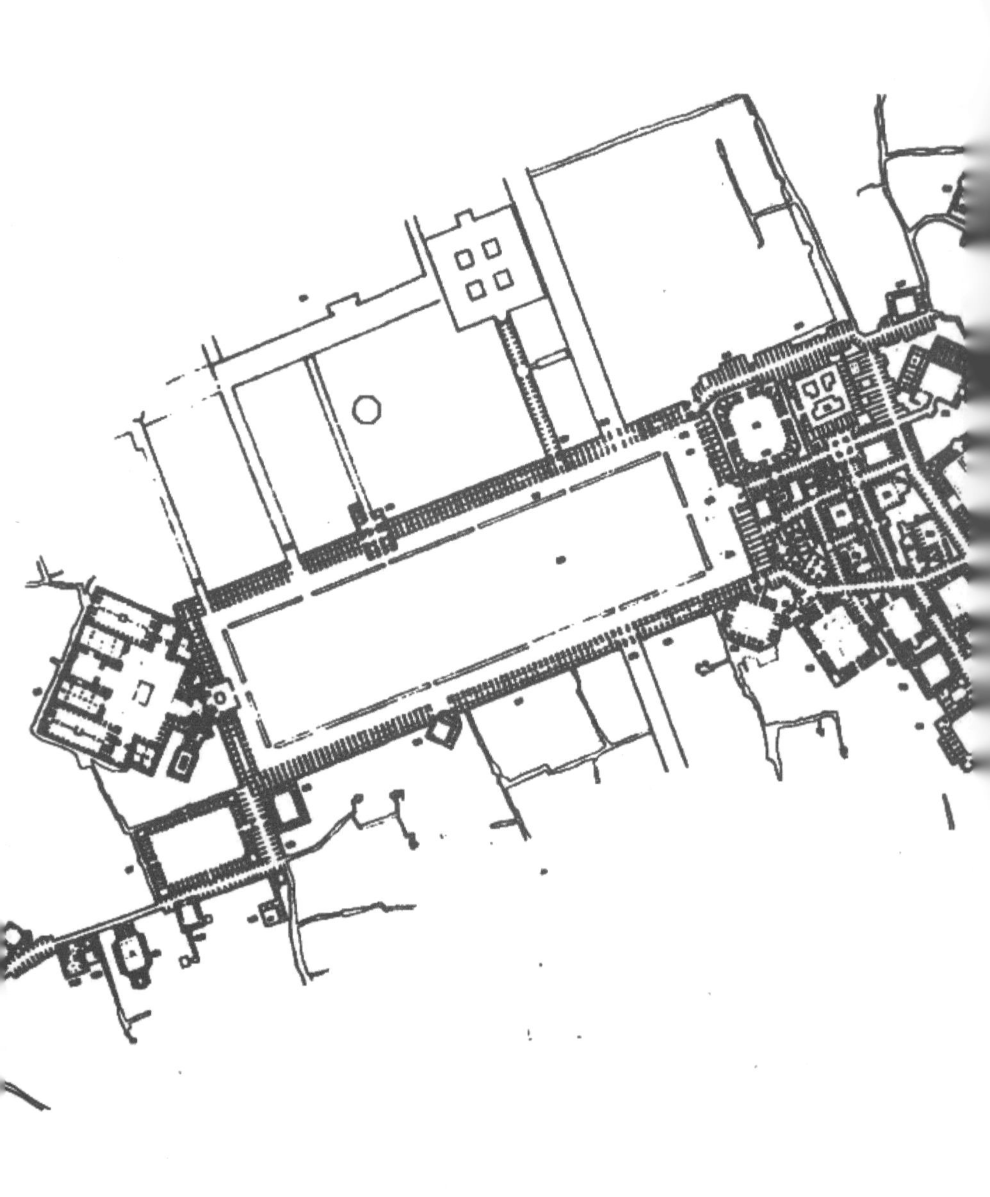

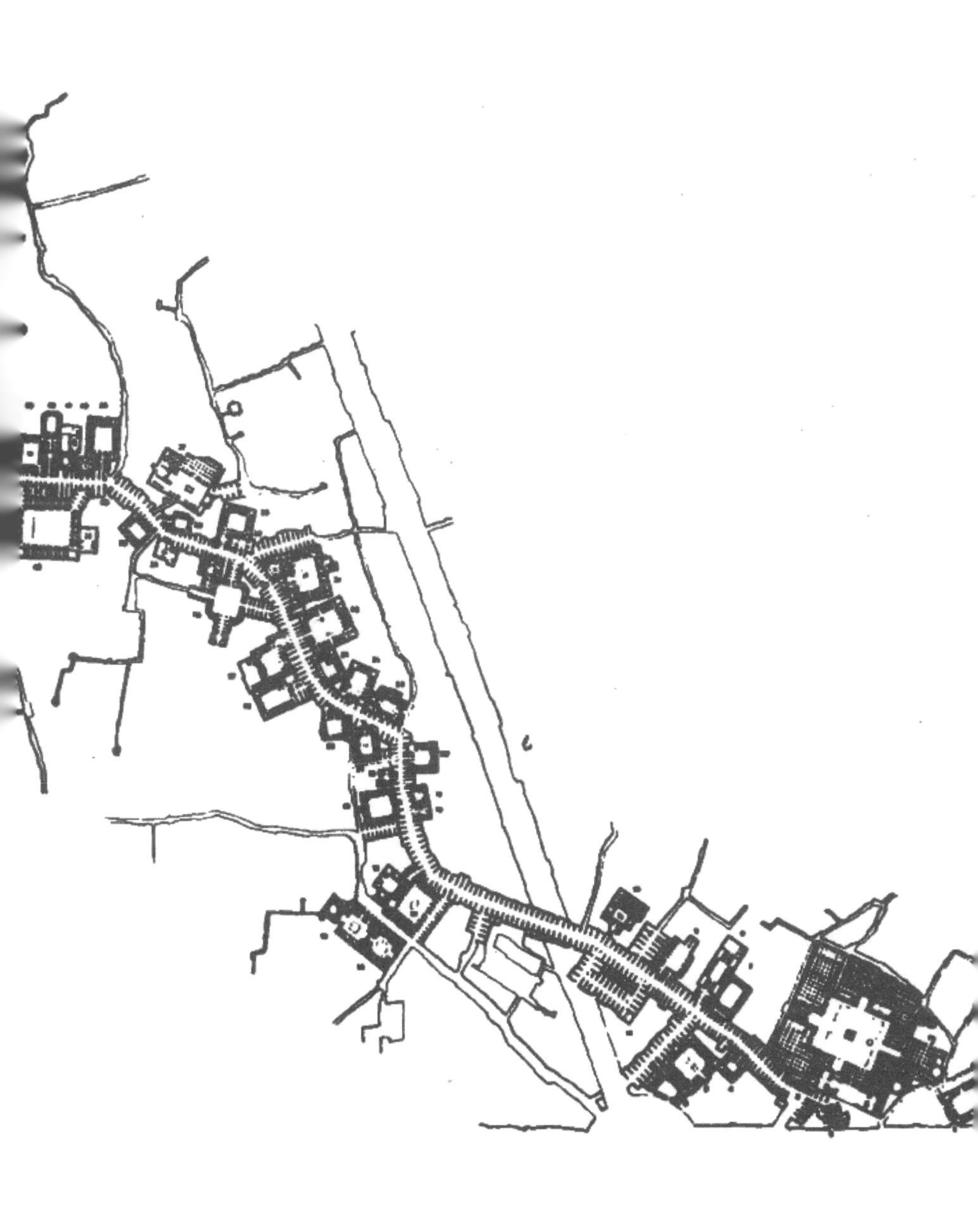

过程产生的。这个过程是通过逐渐形成一种“中心区域”（the field of centers）空间而结构化地增长的。

（4）中心区域是通过在特定条件下不断创建扩展中心而产生的。即：

当一个中心 X 被建成时，其他的中心也必须同时在三个明确定义的层次上建成：

a. 大于 X。至少有一个其他的中心在规模上大于 X，而 X 则是这个较大中心的一部分，一个附属部分。

b. 与 X 规模相同。必须有一些中心和 X 规模相同，并与 X 相邻，保证在 X 附近不存在“负空间”（negative space）。

c. 小于 X。也有些中心的规模小于 X，它们有助于保证 X 的存在。

这个过程很难理解，原因之一是：中心这个概念本身就不容易定义，只能递归定义。这意味着对于中心概念的理解也只能逐渐获得，过程本身也有许多微妙和复杂之处。第 19 页上的阐述只是对一些更为深奥问题的机械描述，但要想正确理解这些问题其实并非那么机械。

然而，如果这“一条法则”要在实践中应用，它就不能含糊不清。在一个由数千人协手创建的城市里，必须有某种可行的法则或程序体系，允许人们采用至少一种一致的法则，以便从事实际的建设任务。在实验中，我们自己也经历了这种困难。在我们的模拟实验中，扮演市民角色的研究生们对这一法则也知之甚少。然而，在几周内，我们（亚历山大和金）必须寻求某种切实可行的方法向他们传授大量的知识，使他们能够着手从事工作、提出建设项目的方案，并在我们模拟的城市发展中着手推进这些工程。

为了解决这个问题，我们设想了七条更为简明的法则。我们称这些法则为“过渡法则”，它们既具体又清楚，能指导人们做什么和如何做。这些指导在不同程度上允许人们探讨一种最重要法则的含义，并或多或少地以某些方式促成某种整体性。

这七条过渡法则有助于使一种法则具体化，并使人们有可能经常践行这一种法则。事实上，这七条过渡法则中的每一条都是一套由几条子法则构成的体系。让我们来明确地解释这七条过渡法则是如何体现总法则的。

我们已经说过，总法则只要求一件事：每一个建设行为，即城市发展的每次飞跃都朝着创造整体性的方向进行。说得更充分些，这条总法则将要求在城市发展过程中必须做到：城市发展过程中的每一个建设项目都必须精心设计，以在各个层次上保持整体性，这些建设项目包括从最大的公共场所，到个人住房，甚至最小的建筑细部。

很简单，这七条法则就是为了保证上述效果，它们有很高的可行性并且容易贯彻，综合体现总法则。这七条法则在开始的一系列研究中是通过经验提出来的，这些研究在本书中没有提到。它们先被拟定出来，再逐个放在不同的模式中进行测试。一旦我们确信每条法则可以或多或少地独自运作时，就将其纳入本书第二部分介绍的“大的”实验中。因此这些过渡法则是可行的、有效的，并且是容易贯彻的。它们存在于不同层次，好比一个生长的有机体的组织法则。但它们是过渡法则，充其量是总法则的进一步描述。它们中没有一个是永远可靠的，没有一条能够一成不变地重复使用，没有一条能被完全依赖和不假思考地产生整体性。我们只能说，这些过渡法则的应用逐渐表明人们是如何使城市空间实现整体化的。使用者对这些过渡法则理解得越多，这些法则就越显得不必要，从而使用者就越渴望对总法则达到真正的理解。

我们所定义的这七条过渡法则是：

1. 渐进发展
2. 较大整体性的发展
3. 构想
4. 正向城市空间
5. 大型建筑物的布置
6. 施工
7. 中心的形成

事实上，这七条法则的形成是不完善的，每一条法则都有待于进一步改进，无论在形式上还是详细内容上。若想在未来的城市设计过程中真正得以实施，这七条法则（连同本书所介绍的其他几条）还需要进行相当大的改进，并根据当地的情况不断进行调整。

无论如何，我们都十分肯定，这些法则在总体上是正确的，它们中的某些说法对于正确体现一个城市的总法则也是非常必要的。

第三章

城市发展的七条过渡法则

法则 1：渐进发展

这条法则把渐进发展的特点作为整体化的必要先决条件，并通过不断定义小的增长规模来实现。之所以需要这条细则，是因为整体化太复杂，不能大面积地实现。发展规模必须相当小，以便有空间和时间进行整体化推进。

渐进发展是必要的，进一步说，必须具体准确地说明渐进发展的思路，以至于我们能够保证在一个综合发展过程中，大、中、小型项目能均衡运行。

为了保证发展的渐进特征，采用下列三条子法则来准确定义这条细则：

1.1　第一条子法则规定任何建筑项目都不可过大。

例如，我们规定任何建筑项目在造价上均不能超过 500 万美元，或者说任何建筑项目在建筑面积上不得超过 100 000ft^2。在实践中，需要制定更加具体和完整的方案。

1.2　第二条子法则是要确保一种合理的大小混合比。

这条法则的详细公式已在《俄勒冈实验》一书中发

表。在理想的方案中，这条法则具有对数特征，它要求大、中、小型项目的建设总量要保持同等水平。在这个理想的方案中，每花费 300 万美元，就包括 100 万美元花在大型项目上（如一个项目），100 万美元花在中型项目上（如 10 个项目），100 万美元花在小型项目上（如 100 个项目）。

然而，实验的条件常常限制我们遵守这条极端的法则，因此我们采用了一条更适度的法则来取代它。即：具有同等数量的大、中、小型项目。

这对于我们的实验来说是可行的。但是，我们当然仍对大型项目抱有强烈的偏爱，建设的重点总是放在大型项目上。一般情况下，介于两种法则之间的某种法则是最理想的。例如：在所有项目中，有 15% 的项目建筑面积为 10 000 ～ 100 000ft^2；35% 为 1 000 ～ 10 000ft^2；50% 低于 1 000ft^2。

可以从下列图序中看到我们在实验中所采用的有关这条法则的实际应用。它按大小表示了项目的实际顺序。

1.3　第三条子法则是要保证在渐进发展中有一种合理的功能分配。

在常规的总平面图中，都按照区划条例标出住宅、工业建筑、公共建筑和停车场等。但是，在渐进发展过程中，有可能出现一种人们完全不希望的功能混合比。这条子法则的设立就是为了创造各功能之间的合理平衡。

这条子法则简单地要求连续的增长项目必须与理想的分配相匹配。为此，分配比例如下：

住宅	26%
商店和餐馆	7%
社区服务场所	15%
饭店	5%
办公楼	16%
工业建筑	12%
停车场	19%

这是我们常用的分配方案。当然，理想的分配常随着社区的不同而不同，也根据社区的需求而变化。在工程建设中，我们都希望得到一个非常强的功能比。

在实践中，这种法则按下列情况运作：逐一记录这七项中每一项增加的运行总数。实际运行总数会不时地高于或低于这种理想分配所规定的数量。对于新的项目，鼓励其将实际分配不断趋向理想性分配，反对实际分配偏离理想性分配。

下列表格表示不同阶段的工程项目历史记录，并表明了当实际分配变化时，工程的流程图是如何变化的。

根据不同功能在五个工程时期的项目发展情况

	住宅	商店和餐馆	社区服务场所	饭店	办公楼	工业建筑	停车场	每阶段总数
一期工程1～14	55 225	79 646	98 705	98 300	117 550	38 600	100 000	588 026
二期工程15～37	228 275	26 455	48 377	30 180	86 820	29 190	146 800	596 097
三期工程38～56	103 456	32 054	137 922	0%	38 080	52 000	18 333	381 845
四期工程57～66	180 928	28 843	12 000	0%	108 824	63 778	220 000	614 373
五期工程67～89	119 246	20 622	114 838	12 000	73 629	130 584	9 024	479 943
每项功能的总数	687 130	187 620	411 842	140 480	424 903	314 152	493 357	2 660 284
总百分比	25.82%	7.05%	15.48%	5.28%	15.97%	11.80%	18.54%	

下图用图解法表示上表的内容：

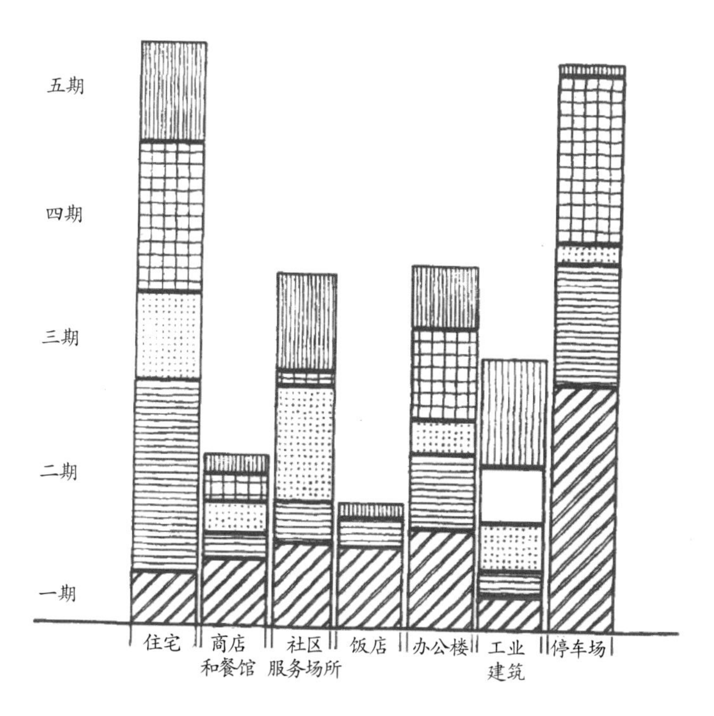

从我们模拟不同工程之间的规模分配就可以一目了然。但是，若想完全认识它，就必须对其大小进行比较，包括饭店或剧院，区划网络中所描述的中型房屋和公寓住宅，以及许多小喷泉、长凳、围墙和座椅。

法则 2：较大整体性的发展

渐进发展本身不会创造大型整体化。

当然，这正是为什么人们要进行规划（plan）。“规划”的目的是创造更大规模的整体化，这种整体化对于提供大范围的秩序与组织是不可缺少的。这里所提出的理论试图产生没有规划的城市结构，这一事实或许就是它最引起争议的特征。

然而，就我们所知，目前所广泛采用的这种规划是以牺牲有机感为代价而创建秩序的。更为奇怪的是，现代规划完全没有产生任何重要的大规模秩序。其部分原因是它们太呆板，以致无法实施。这一点在《俄勒冈实验》一书中已做详细论述。另一部分原因则是它们不具备产生大规模秩序的能力，没有足够的启发性。

按照目前的理论，大规模秩序本来可以以某种方式有组织地从各个建设项目的协作中产生出来。然而，需要说明的是，强加在单个项目上的控制或调整的效果并不明确。这是当前理论界中最大的公开争议。这将在本书第 217 ～ 231 页的第三部分中深入讨论。

为了实验的目的，我们在形成的较大整体结构上选择了一种非常灵活的调节形式，大致情况是：随着建设行为的不断增长，对它们的讨论，以及对潜在的，深层次的，更大的整体结构的讨论也在不断进行。在每一阶段，这种讨论都逐渐对目前突飞猛进的发展所显示的大型整体化取得共识。这种由所有参与者达成的共识也被引入下一个项目中。这样，已被认可的整体化才会得以发展。

然而，只有到了相应阶段，才能再次着手对实际上正在出现的更大的整体化进行评估和论证，因为实际情况并不总是像预测的那样。然后，将修改过的见解应用到下一个建设项目中。因此，在单项工程和确立更大整体化的非正式过程之间有一个连续的反馈过程，一直到小的建设项目能确切地逐渐创建出更大的整体化。

然而，是否明确地规定过这些大规模整体化就是“目标”这一点尚在讨论，并没有定论。我们试图创建的大型整体化是那些还没有从根本上进行的整体化，绝不是人为确定的整体化。在实践中，支配这个过程的法则被定义如下：

每个建设项目必须有助于在城市中形成至少一种更大的整体结构，它比该项目自身更大、更重要。经营某项工程的每个人必须清楚地知道这项工程将试图促进哪一种更大的正在出现的整体结构，并知道它将如何有助于产生这些整体结构。

为了理解这个过程的工作原理，可以借助于下列七条子法则：

2.1　在发展过程中，一些更大的建筑物或中心在涌现。这些更大的中心是另一层次的明确实体，大于任何单体建筑。它们实质上是由建筑物之间的聚集综合形成的公共空间的实体结构。我们模拟中的实例包括：主广场、第一条林荫道、密集交织的街道、饭店旁边的大花园和南端的公园码头群。

2.2　这些较大的中心是慢慢出现的。也就是说，没有一种建设行为能独自产生这些建筑群。每座建筑都是逐步建成的。

2.3　这些较大的中心是自发出现的。它们不是预先就设计好的，而是逐渐形成的。甚至对那些创造它们的人来说，都是意想不到的。

2.4　但是，对这些日益出现的中心的不断确认，在它们形成的过程中起着不可磨灭的作用。每个从事建设活动的人都意识到较大中心存在、出现和在地平线上隐约可见的轮廓，然后心甘情愿地不断开发这种日益出现的建筑群，从而形成独特的风格。

2.5　每个大型中心形成都有一个非常明显的历程，这个历程经历三个发展时期，单项的建设行为一步一步形成整体化。

第一时期: 某个项目为新的大型中心提供某种启示。

第二时期：一项或多项其他项目定位中心结构的主要轮廓。

第三时期: 一系列后续项目逐步完成这个中心。

让我们通过模拟中的一些实例来证明这一点。

例如，考虑在工程开始时的人行林荫道。

(1) 该林荫道首先是受到大门 (#1) 的建造而得到启示的。

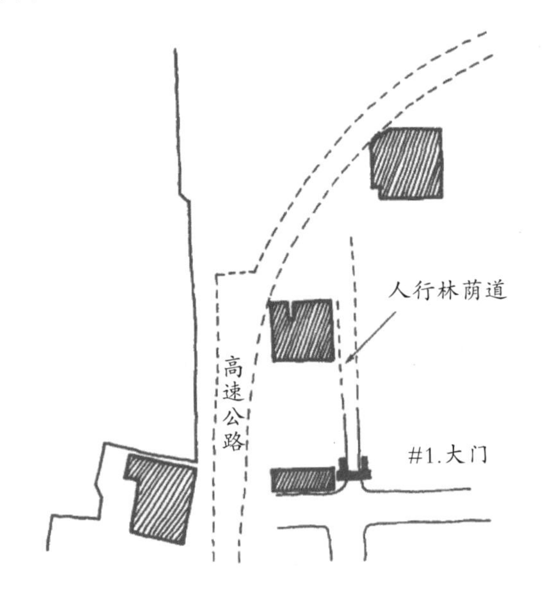

（2）然后确定它的界线和位置。饭店和咖啡厅（#2，#3）固定了它的右手边的位置，并由此决定了它的宽度；社区银行（#5）固定了它的顶端位置。

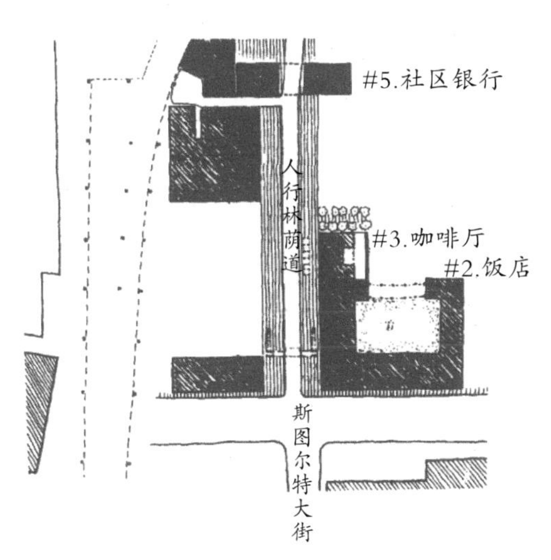

（3）接下来它又由一系列项目所完成，包括公寓楼（#7）和办公楼（#9），它们定位了该中心的边界；另外包括各种细部结构，如砾石人行道和低围墙（#21）。

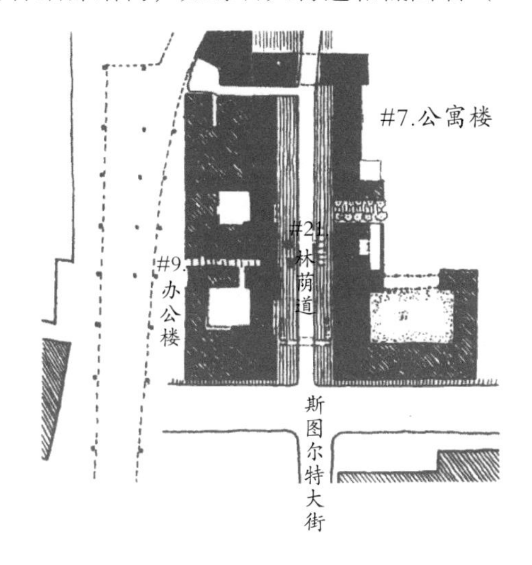

2.6　当我们认识到任何一个建设项目通常对几个不同的更大的中心都同时作用，但方式却不同时，我们就可以开始看到这个过程的复杂性。

例如入口大门，它是我们实验中的第一个项目，却已经起到三方面作用：第一，有助于定义汽车站、米申大街和斯图尔特大街交叉口处的活动中心或空间；第二，有利于从整体布局上完成米申大街的建设；第三，引发出向南的一条新的人行林荫道。

第二个项目饭店具有同样的作用：第一，一开始是通过固定西边界线来定位人行林荫道；第二，通过建造出一个拐角，它辅助完成了米申大街和大门的位置确认；第三，引发出一个新的建筑，即后来的公共花园。这种启示不是自动的，事实上，我们必须修改饭店，用下列方式产生一种启示：当首次提出时，花园的南侧是全封闭的，这种封闭没法扩展，也不利于形成更大的场地。我们修改后，在花园格子墙下留了一个朝南开的小洞，这样就有可能建设一座大花园，那将是一个从较小的饭店花园开始朝南扩展的非常大的公共花园。

总之，每个新的项目都有三种作用：

（1）有利于完成至少一个已经明确定位的主要中心的建设。

（2）通常用来定位其他一些定义还不够明确的中心。到目前为止，这些中心只在早期的建设项目中略显端倪。

（3）通常给人们一种启示，引发某个全新的较大中心。这个较大中心在很久以后才会全部显现。

从这个意义上说，每个有效的建设项目都在由它产生并辅助成型的至少三个较大中心中发挥作用。随后我们可以看到建设项目与由项目辅助成型的较大中心之间的相互作用网是极其复杂的。

2.7　除此之外，较大中心的总数也特别惊人。例如，尽管在我们的实验中只有大约 12 个是真正重要的主要中心，但总体来说，或许有 70 个较大的中心。这 70 个中心在保持社区空间的连贯统一中发挥着重要作用。而正在施工的单体建筑项目也才 70 个左右。

环境的整体性就是通过这些为数众多的较大中心纵横交错，相互搭接，以最错综复杂的方式形成的。

我们从实验中得到的下列地图表示较大的城市建筑群的发展经过。这些建筑群包括林荫道、花园、主广场和街道网络等。这些大型整体群落出现的方式将在本书的第二部分加以描述。

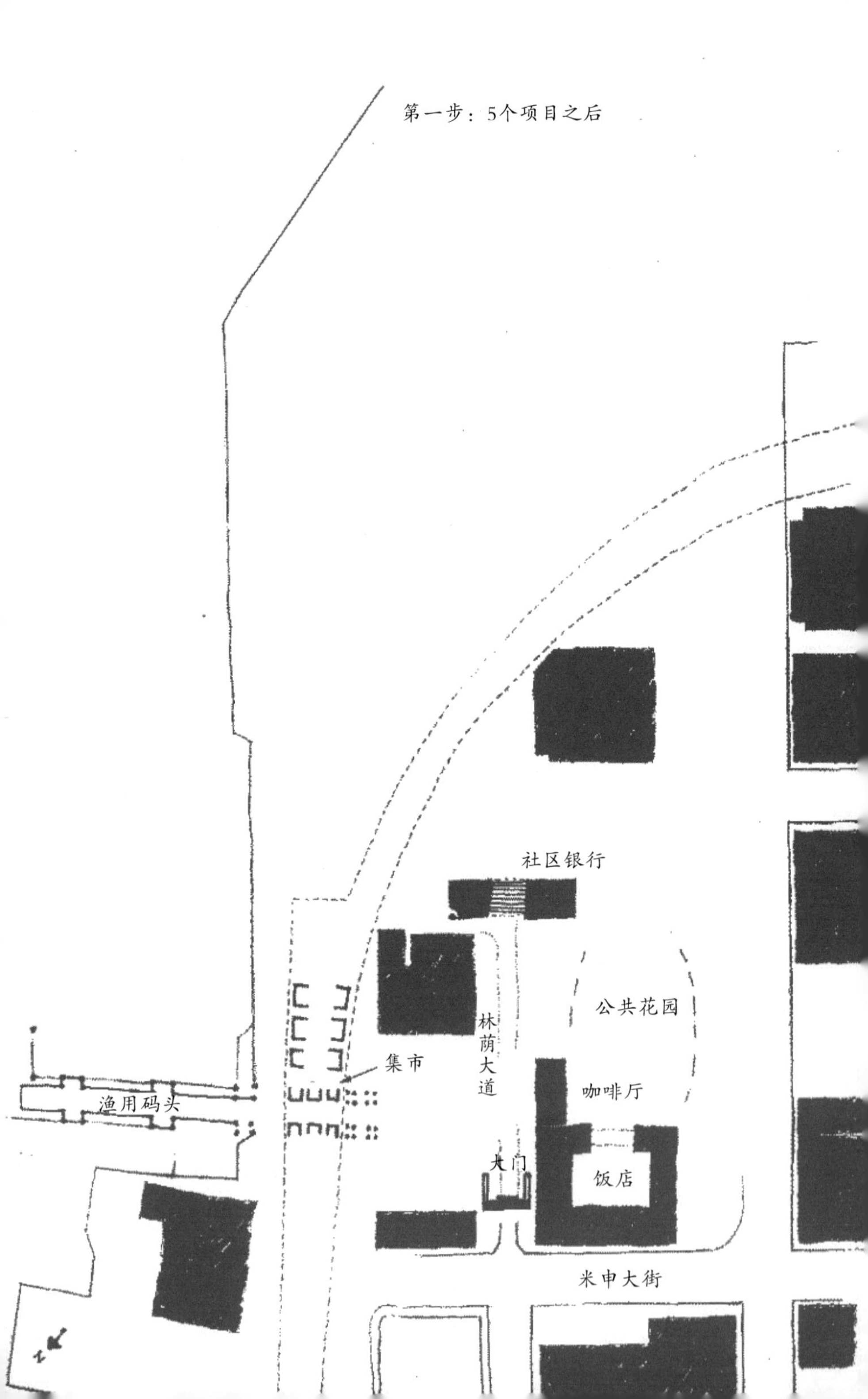
第一步：5个项目之后
社区银行
公共花园
林荫大道
集市
咖啡厅
渔用码头
大门
饭店
米申大街

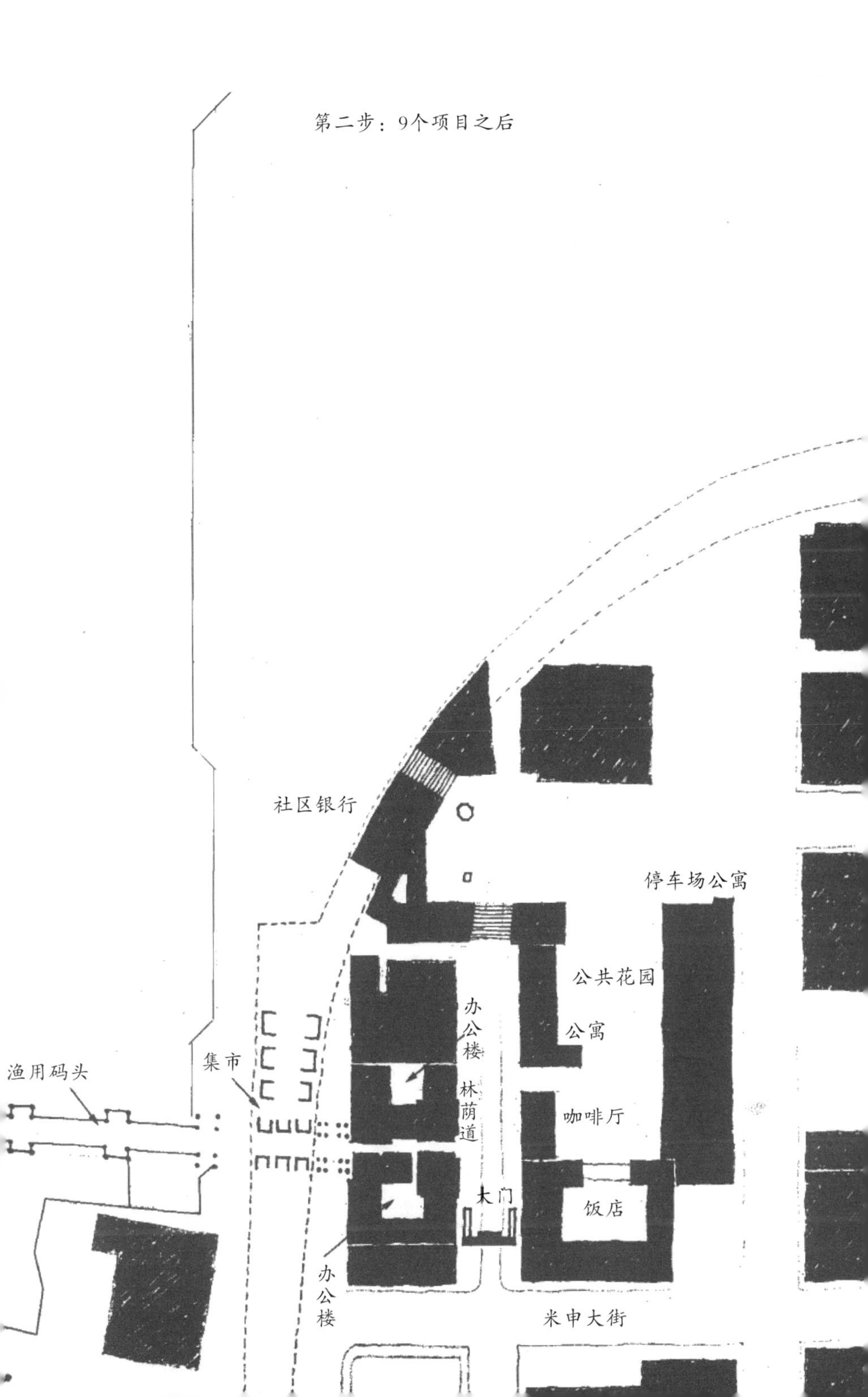
第二步：9个项目之后
社区银行
停车场公寓
公共花园
办公楼
公寓
渔用码头
集市
林荫道
咖啡厅
大门
饭店
办公楼
米申大街

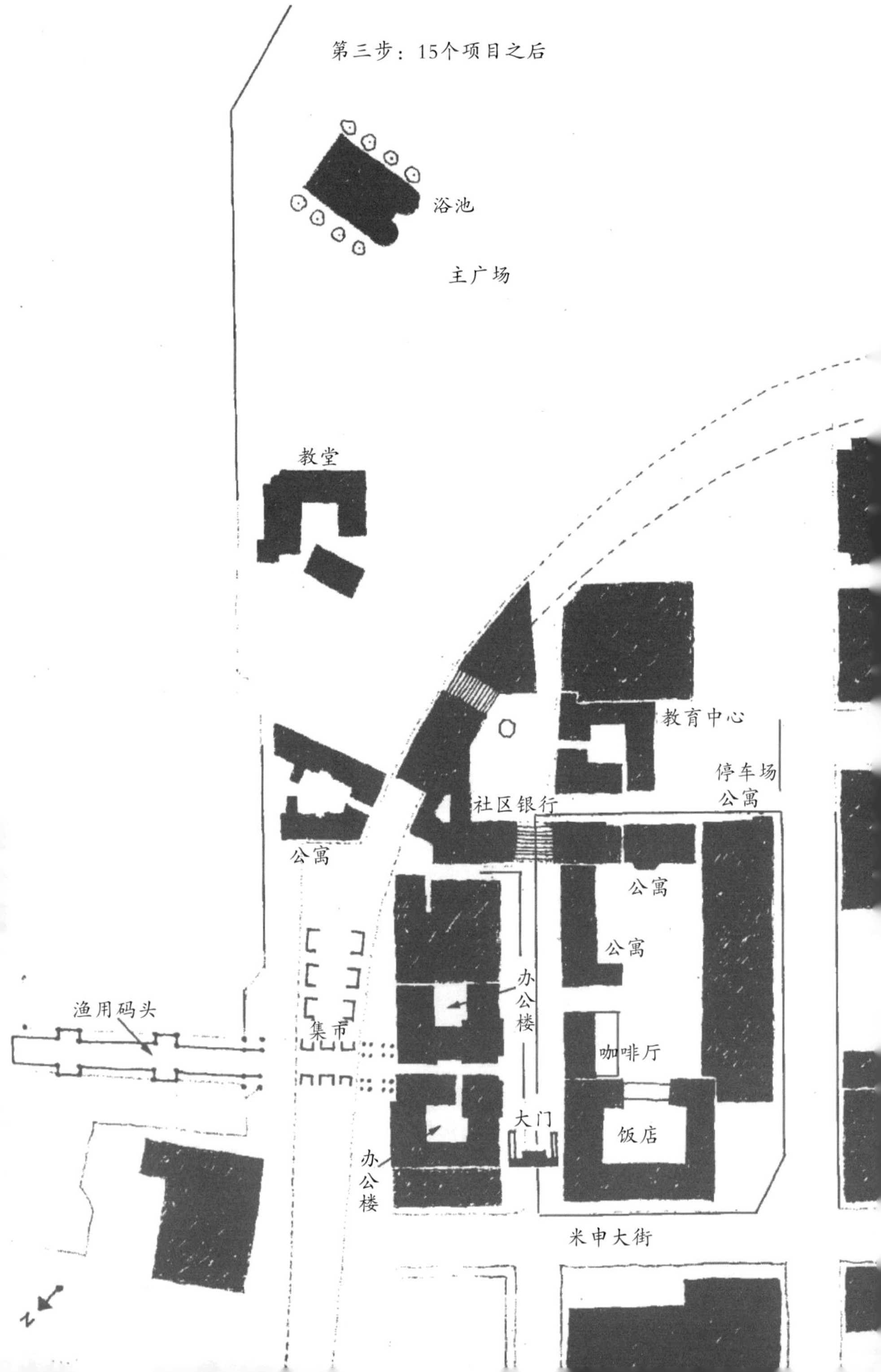
第三步：15个项目之后
浴池
主广场
教堂
教育中心
停车场
公寓
社区银行
公寓
公寓
公寓
渔用码头
集市
办公楼
咖啡厅
大门
饭店
办公楼
米申大街

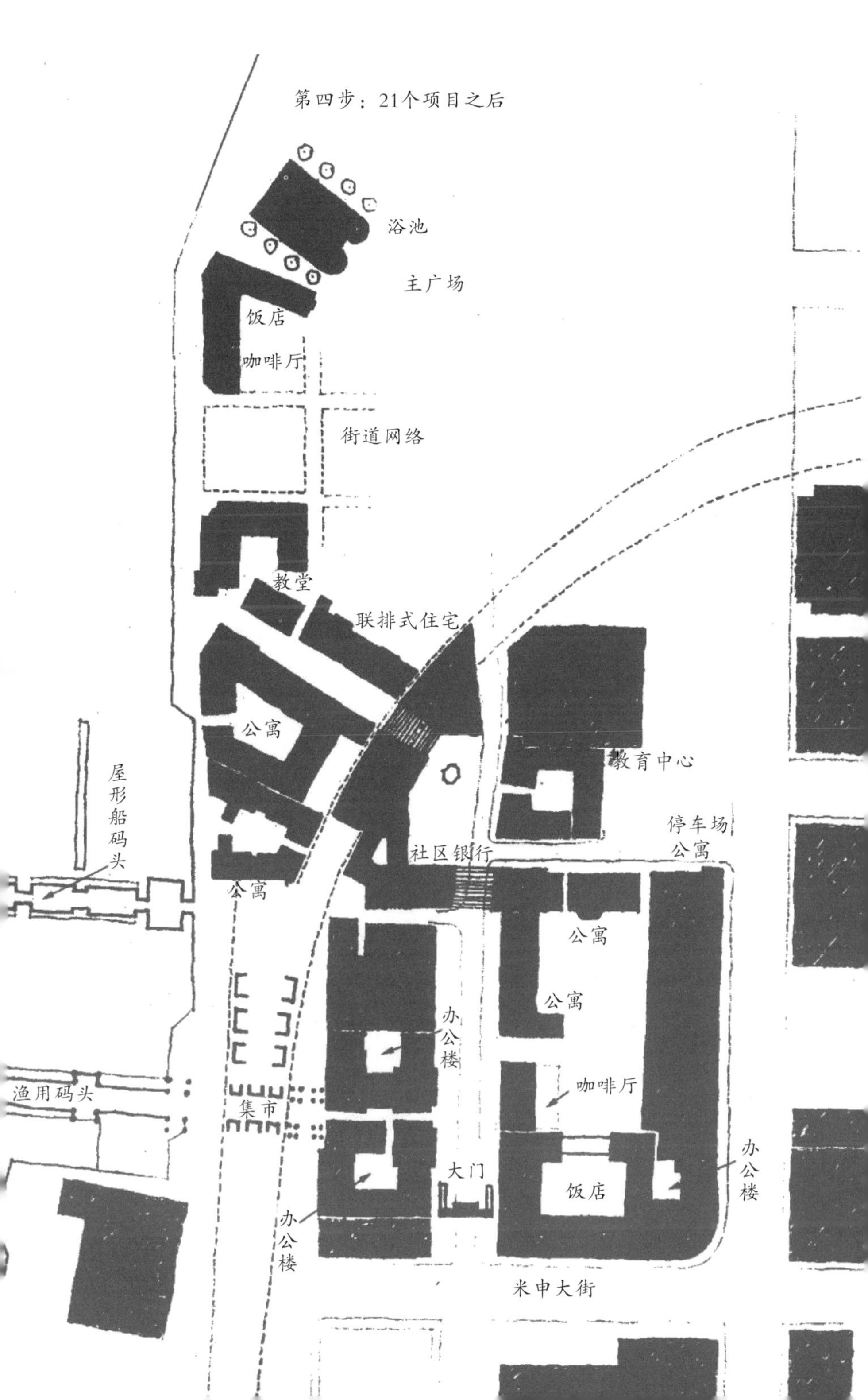
第四步：21个项目之后
浴池
主广场
饭店
咖啡厅
街道网络
教堂
联排式住宅
公寓
教育中心
屋形船码头
社区银行
停车场
公寓
公寓
公寓
公寓
办公楼
咖啡厅
渔用码头
集市
大门
饭店
办公楼
办公楼
米申大街

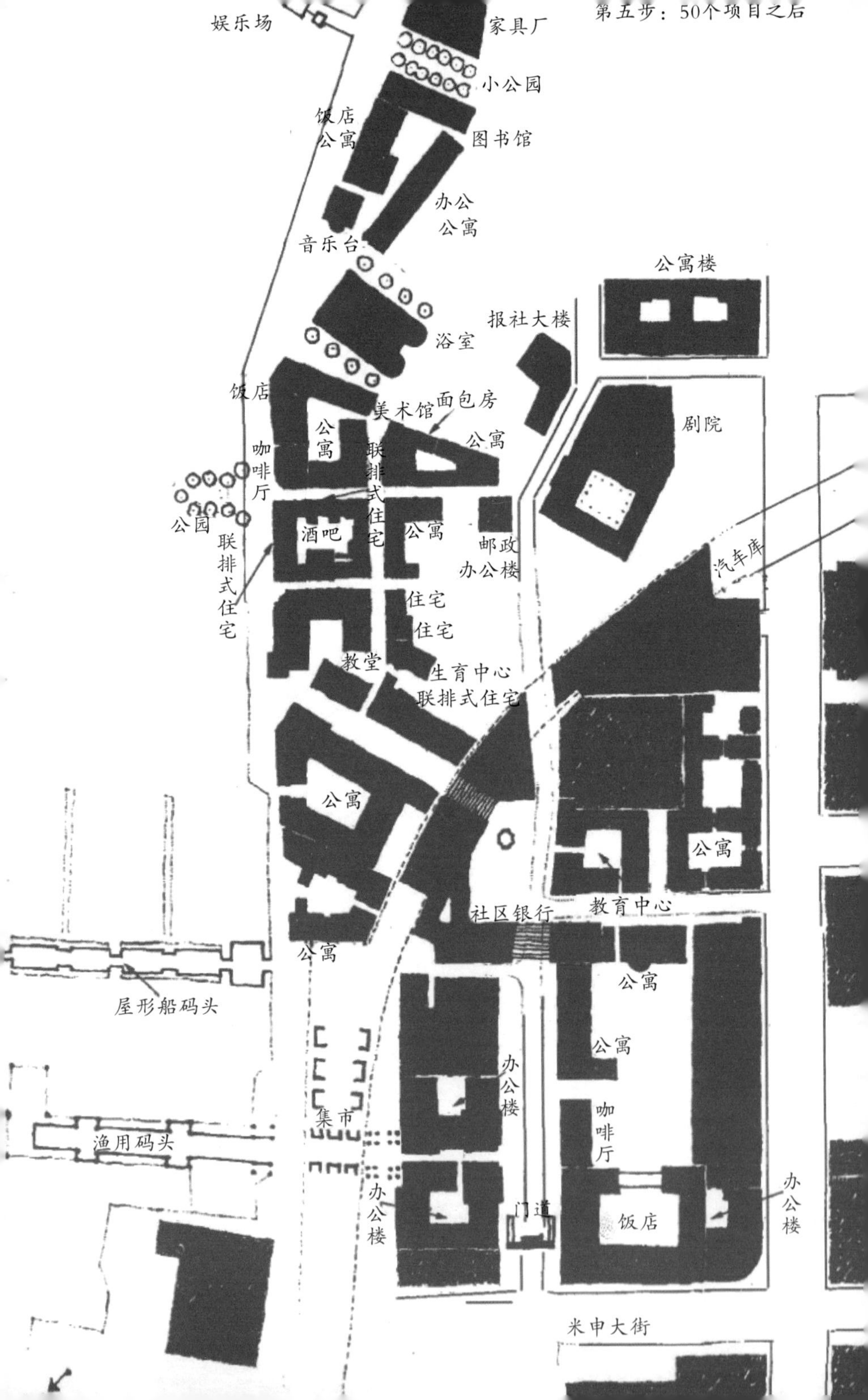
第五步：50个项目之后
娱乐场
家具厂
小公园
饭店
公寓
图书馆
办公
公寓
音乐台
公寓楼
报社大楼
浴室
饭店
美术馆
面包房
剧院
公寓
公寓
咖啡厅
联排式住宅
公园
酒吧
公寓
邮政办公楼
联排式住宅
汽车库
住宅
住宅
教堂
生育中心
联排式住宅
公寓
公寓
社区银行
教育中心
公寓
公寓
屋形船码头
公寓
办公楼
咖啡厅
集市
渔用码头
办公楼
门道
饭店
办公楼
米申大街

必须清楚，我们不敢肯定这里提出的形成更大整体群落的方法是足够有力的。在模拟城市发展并试图在实验中创造整体性的过程中，无论是人们担忧的还是进行中的，我们发现最常见的错误、最经常出现的盲目性，总是在于不能认识到大的建筑群落。尽管有良好的意愿和承诺，但是从消极方面来说，渐进发展是分块的、不连续的、分散的和不完整的，它往往导致聚集和组合，而不是连贯和谐的整体。

为了解决这个问题，有必要采用更为有力的产生宏观整体性的方法，并将它们与渐进过程相结合。这一点将在第三部分讨论。

法则 3：构想

这条法则确定单个建筑项目的内容和特点。它要求项目是由不断完善现有建筑的构想中产生的，而不是从头脑中的某个概念产生的。因此：每一个建筑项目必须要先被体验，然后将其表达为一种在人们脑海中（确切地）看得见的构想。作为这样的一种构想，它还必须具有能在人与人之间被交流并能被他人强烈感受到的特征。

在本书所介绍的主要实验之前的各种早期实验中，我们已经发现，城市中的任何实质性发展，或真实或不真实、或真诚或不真诚地由人们一时的冲动所产生。根据我们的经验，如果个体建设行为不是由这种人为的冲动和满足所支配，那么人们就不可能创建整体性。

我们这里不是指那种社会主义者所关注的人道主义教育和公共福利事业。这种东西尽管很有价值，但当它一旦不存在时就会产生一定的精神危机，带来痛苦和残缺感，如同资本家所关注的金钱一样。

我们所谈论的是人类的更深一层含义。我们发现开发的项目不产生整体性，除非它们是由一种梦想所驱动、是由孩子般的对生活天真诚实的直接观察中所产生的一句话、是真正建立在人类幻想的基础上。

将其列为一种法则，意味着每个项目都必须先进行感受和体验，然后才能表达为一种构想。这种构想能够在人们脑海中（确切地）被看见、在人与人之间交流并且被人理解。从实用观点来看，这种构想必须在其他进程之前发生作用，也就是说，在项目初次被确定的时候就要考虑这种构想。

该构想是对下列基本问题的回答：在任何一个地区，我们将建造什么，项目将从何着手。这个问题不考虑工程是如何组织、如何设计的，该建筑有什么特点，而只考虑一些最基本的问题：它是什么？打算在哪里建什么？在今天的发展过程中，人们几乎都会从经济的角度提出并回答这样的问题：需要付出多少？能够盈利多少？

在对消费者进行调查后，我们发现如果仅关注这个问题，制造出来的产品必然是机械的、抽象的和没有生命的，令人乏味、死气沉沉，不能激励或感染我们，因为它们缺乏人性的气息。

如果我们将现代的集体化、社会化的建筑产品与过去时代的建筑作品相比，会发现在过去时代建造的建筑物具有完全不同的特点。

即使在不久前的过去——充满污秽、金钱和奴役的大工业化时期，仍然有一种比我们今天所有的建筑更发人深省的特征。例如，芝加哥的蓄栏场、纽约海滨、威尔士朗达峡谷（Rhonda Valley in Wales）的煤矿和巴黎大厅（Les Halls in Paris）。所有这些都令人激动、兴奋和浮想连翩。

任何情况下，我们都可能对这种构想进行反思，或者对它的社会价值提出质疑。尽管如此，它确实富有人情味，是个人幻想的产物。即使它考虑了金钱和利润，在某种程度上也是一种改进的构想、一种珍贵的构想、一种人们看得见的构想、一种可以果断实施的构想。

相比之下，今天的城市开发一开始就没有人情味，常常是由那些为了长期利益而操纵股市的公司主导的，或由那些关心抽象社会福利的委员会决定的。它们常常是灰暗和没有色彩的。

回顾早期时代，我们会发现更强烈、更纯朴的设计。例如，伊斯法罕（Isphahan）大桥就是一种幻想的产物。沙阿·阿巴斯（Shah Abbas）决定建造一个供人消遣娱

乐的去处，让城市里的人们能够在水边生活和玩耍。关于他任命建筑师的传说也是一个典型的富于幻想的传奇故事。他要求建筑师以性命担保严格执行这项计划，并亲自装扮成乞丐去暗访建筑师，以确认他是否正确执行了这项计划。

在早期时代，即使最简单的行为，如在普通农场上所做的事，都富有幻想特色。比较下列两件事。

一件事是一个农民有天回家吃早饭时，对他的家人说："冬天雨季快到了，我想我们该在那条大河上修一座桥。"另一件事是伯克利市政工程局（Berkeley Public Works Department）决定在一条流经某条街道的河上修一座涵洞。

这位农民的行为是一种构想行为。他用这种方式向他的家人描述了他的构想。脑海中先产生这座桥，然后再照他的思路去修。而市政工程局建造的桥完全不同。它不是构想的结果，而是一种讨论和沟通信息的结果。先进行论证，局里的每个工程师都非常拘谨，在报告时吞吞吐吐，以免稍有不慎而受到批评。最后，涵洞被建成。这纯粹是官僚主义行为，完全没有构想。

构想是一种真实的东西。它不仅是一种想法或概念，而是一种在脑海中看得见和感受得到的东西，就如同在梦中看见或感觉到的一样。或许在梦中它真能被看见。构想具有强烈的个人情感，它是某种情感的真实流露，它使我们的人生丰富多彩，无论在芝加哥的蓄栏场，还是在日本的伊势（Ise）神殿，它们都是具有远见卓识的个人构想，绝不是官僚主义意旨的产物，这一点是最重要的。

ജ☙

我们必须强调，构想对于产生整体性是非常必要的。

构想的重要性不仅仅在于它具有人性，即大脑视野洞察的人间现实，更因为它最终是无比精确的。它产生出特定情况下所需要的整体性，比任何智力过程都准确。

在渐进过程中，如果每项建设行为都作用于整体性，那么，重中之重是：这种行为必须发展，自然地或直接地从已有的东西中发展。

这看起来似乎很明显。但是在“正常”的当今城市发展中，它根本无法成为法则。今天，最为突出的是，每个人或公司都拥有一块土地。他们多年来一直在考虑用这块地做什么。当然，他们的思想总是被同一个问题支配——哪种做法可以多挣钱。很明显，这种动机与寻求整体性的动机格格不入。

即使我们不考虑金钱与利润的问题，仍然很明显，人们通常所采取的决策是一种向内的决策，即只考虑个人那块土地的利益，而不是向外的决策，即城市环境的利益。

这不是因为动机是自私的，而是因为我们通常所拥有的思维模式不利于认识那些竭力健全宏视整体化的行

为。其原因在于：大多数行为都是由谋求最大盈利的概念或理念所主导。这种通过计算所得到的概念、思路和方案常常与现有的建筑没有深刻的联系，因为这种思维模式不足以敏感地创建这样一种联系。

为了理解这种整体性，有必要涉及该问题的一种更为基本、更为原始的关系。准确地说，最能创造和识别整体关系的思维方式是那种我们称为“有远见”（visionary）的思想。

ꕥ

通过最后讨论选择构想的阶段和“下一个”项目的详细方案被初次提出的阶段，我们将会非常清楚地了解这一切。

下面是我们在实验期间就如何认识这些法则的问题写给学生们的一封信：

1979 年 3 月 26 日

在看了你们目前所做的各种方案后，我发现在实验中有一个关键的问题我还没有阐述清楚，到目前为止你们中几乎还没有人把这个问题弄清楚。

目前，即使你们的方案是根据脑海中的真正构想提出的，但基本上都是孤立的。我的意思是：这些方案或多或少地脱离周围环境。如果你们意识到，你们提出的所有的构想或方案几乎都与它们在建筑项目序列中出现的确切时间无关，你们就会明白这一点。

例如，假设你们的方案在整个序列中是第 n 个项目，那么就已经有一系列先前的项目 P_1，P_2，P_3…一直到你们的方案 P_n。尽管你们的方案通常已经与以前所提出的方案（P_1，P_2，P_3…）有总体联系，它仍旧是滞留在方案基础上，与它是否可以确切地记为 P_n 或 P_{n+1} 无关。换言之，对你们来说，根据你们的方案与整个建设场地的总体关系，它是有理有据的。但是你们中没有人认识到下列现象：你们的方案应当对其在建筑项目序列中出现的确切时序极为敏感；某种方案作为 P_n，如果紧接发生在 P_{n-1} 之后可能会有意义，但是一旦另一个项目在时间序列上插入二者之间，即使该项目在离 P_n 的建设场地相当远的地方，那么在 P_n 处的建设形式也应随之不同。更有可能的是，你们作为 P_n 提出的整个思路可能不再成立，由于 P_{n-1} 的缘故，整体化的形态已经大大地改变了。

让我换种说法来解释这一切。每当建设场地改变时，就会有某种方案形成。它由到彼时已经建成的一切东西组成。如果我们现在计划做出“下一个”方案，我们就必须问自己：“什么方案？方案布置在何处？以及如何形成方案？”这些问题将会最大限度地使整个地区作为一个整体显得更加完全、更加整体化。

我们之所以能问这样一个问题，是因为我们可以注意到目前情况下的建设工地，用我们的耳朵可以“听”（listen）到这些缺陷、缺乏整体性和最基本的不完整性，然后，我们可以尽力去修复它，使其成为比其他任何东西都更为完整的项目。

这是任何真正构想的实质。不懂得这一点往往使构想变得稀奇古怪、以自我为中心或荒诞无稽。在你们脑海中所产生的真正构想，无疑是从对整体的理解中得出的。它向你表现了它的一切，作为完整的个体，作为生命的形式、地点，以及竭力赋予整个事物生命的组织。当然更重要的是整体。

这种态度的意义当然在于你时刻问自己：下一步要做什么，时刻寻求下一个最好的答案。为找到这个答案，你去听、去想。这并不意味着总是有一种最好的答案，或许有两到三个同样好的答案，但是每时每刻你心里想的都必须是："眼下什么是唯一的能实现整体性的最好答案？"当然，这意味着你在 P_n 时段对在某一建设场地所做的方案将与后来添加的另一项工程的方案大不相同。因为整体化的形态有了变化，现在需要做的实现整体化的方案根本不同于不久前的方案。

正确理解了这一点后，最终你将认识到，在这个过程中没有任何以自我为中心的人为因素。因为你仅仅充当了表达现场需求并让人感受到的一种工具和媒介。你的构想是现场自我表达的产物，而不是你的怪念头或胡思乱想的产物。

但是等到你的耳朵达到非常精确的程度时，等到你能够听到工程在其整体性方面所要求的一切时，你就会创造出比你曾梦寐以求的都更为美妙的方案。

ꕥ

为寻求一个清楚说明由构想所产生的建筑实例，有必要研究一下第126页中的浴室。对于一个不太壮观却是非常具有代表性的以构想为基础的小型实例，第173页中的小邮局则是一个很有帮助的例子。

法则4：正向城市空间

一旦某种构想将在某些在建项目中引入生活场景和活动场景时，这种构想的关键就在于实际设计。

为了使这项设计具有整体性，由建筑物创造的空间具有正向特征是十分重要的。

这一点很难做到，因为在我们所处的时代，当房屋建成后，城市空间已经具有负向特征，即剩余空间。然而，在不同建筑文化里，人们都把空间理解为是由建筑物产生的正向事物。

这条细则简单地说就是：每座建筑在其附近都必须创建既有机联系又优美典雅的公共场所。

为了更容易地理解这种思想，我们制定了一套识别五种因素的子法则。这五种因素是人行空间、房屋、花园、街道和停车场。然后我们描述了这些因素之间的必要联系。

本质上说，这些子法则保证人行空间、花园、街道和停车场由周围的建筑物形成。空间成了主要的关注焦

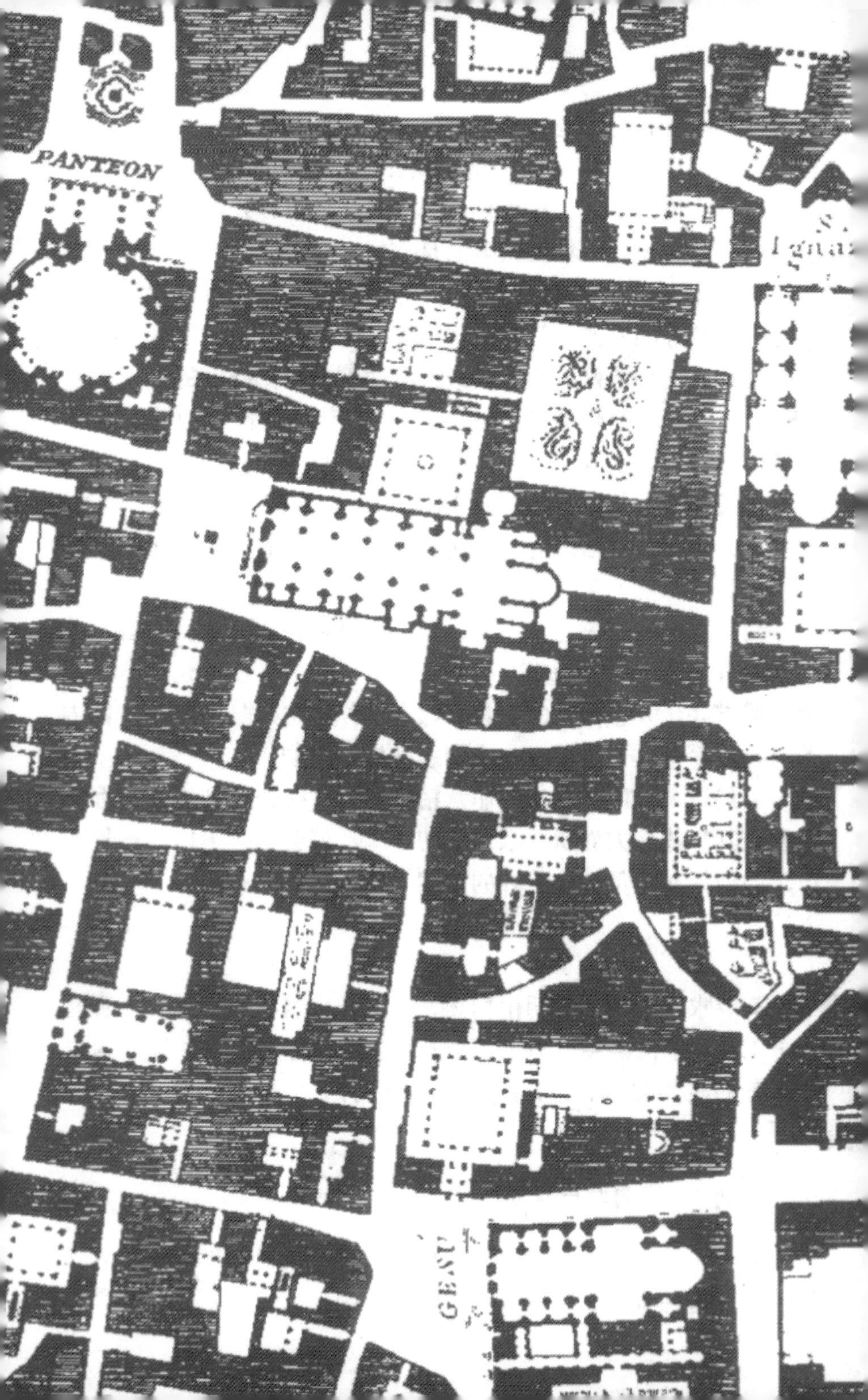
PANTEON
GESU'

点，而建筑物只是创造所有重要空间的工具。这与我们今天的情况恰好相反。今天，人们往往把建筑物而不是空间作为关注的主焦点。因此，建筑物明显成了城市空间的创造者。

五项子法则是:

4.1 每当建造一个建筑项目时，它必须能创建优美的人行空间。

4.2 项目自身的建筑体量也是简洁优美的。

4.3 建筑物自身常常（但并非总是）参与创建花园。这个花园简洁、精练，形状简单，但比附近的人行空间亲切、安宁。

4.4 除非建筑已经和现有的道路相连接，否则应扩展最接近建筑的道路，使人们能够直接进入建筑。

4.5 计算所有可使用的停车场地面积。如果没有足够的停车场地，就必须在500ft内建造一个新的停车库。建筑应以能遮挡住停车场的方式布局。

现在我们详细解释这五条子法则。

4.1 每当建造一个建筑项目时，它必须能创建优美的人行空间。

我们可以简单地将其表达为“建筑物环绕空地”，而不是“空地环绕建筑物”。在20世纪，人们已经习惯认为建筑物是形状单一的体量，飘浮在一片杂乱无章的空地上。如果将一座典型的现代城市的规划与古老城市的规划比，如与罗马时代诺利市（Nolli）的规划（如第 56 页中所示）做比较，我们就会看到，古老城市的空地正是由形式单一的形状所组成，建筑物则更不规则且呈松散状，它的主要功能是包围和形成空地。

a. 首先，这意味着每座建筑的布置都必须与其他现有的建筑一起形成尺寸合理、形状优美的外部空间。对位置的选择是房屋设计首要考虑的问题。

▶圣·马科内天井（Piazza San Marco）

b. 确定新的人行空间，并与还未建成的其他建筑项目一起完成。

c. 特别是，建筑必须能形成一系列交叉点和街道。交叉点是一些小的露天广场，直径为 60 ～ 100ft。这些交叉点平均来说大约相隔 300ft，中间由街道和胡同相连。

▶路面形状

d. 根据建筑的重要程度及其位置，各个建筑形成大小不同的外部空间。因此在所产生的人行空间中存在着清晰的大小梯度。

4.2　建筑体量本身是简洁美观的。

a. 这意味着建筑体量是一个简洁紧凑的统一体，或者由几个单体所组成，其中有一个为主要建筑，其余的是与之相连的附属建筑。

b．建筑物的主入口形成一个天然的中心，可以在附近的人行道上看得见。

c．建筑物被穿了“孔”，这些“孔”或是花园，或者是庭院，或是天井，但是所有房屋的进深均不宜超过 40ft。

d. 如果有可能，建筑物至少要与现有的一幢其他建筑相连，以便相互构成整个城市的连续框架。

e. 建筑物至少有一面墙没有开窗，以便以后有其他建筑与它相接。

f. 如果有可能，建筑物应建在有利于遮挡某一停车场或停车库的位置上，起到遮挡板的作用。

4.3 在各个建筑物间的空隙处设置花园。这些花园也是精心设计的，并且遵循一般法则 4.1，具有正向空间作用。

增设的花园应对建筑空间有作用，这些花园形成了露天空间那更为恬静、私密的一面。

这类花园遵循下列原则：

a. 服务于某建筑物的花园应位于该建筑物的南侧。

b．花园不应毗邻公路或停车场。

c．每个花园本身都应具有漂亮的形状，引人注目；不仅是作为一块绿荫地，还可以作为一个装饰优雅的建筑，有自己的草坪、鲜花、树木，自身形成一个清新、典雅的结构体系。

4.4　建造新的建筑物时，周围的路面也要不断扩展，使车辆很容易开到房屋前面。

公路应服务于建筑物的需要。如果已经有一条公路与建筑场地相连接，就不需要再建造新的公路。如果建筑物四周没有公路，就需要考虑建设一条新的公路，并遵循以下原则：

公路应在设计建筑物之后而不是之前被逐渐增加，它们服务于建筑物并与建筑物相配套。这条原则极为重要。

我们在实验中坚持这条法则，原因很简单，就是今天的城市发展常常被一些决策者所毁坏。他们考虑的首先是公路的建设，其次是建筑物，最后才是人行空间。

我们这套法则中的正确顺序正好与此相反：首先是人行空间，其次是建筑物，最后才是公路。

我们认识到，这里所举出的这条法则或许是实验中争议最大的法则。正如先前预料到的一样，我们发现，

▲
道路服务于建筑

这条法则不一定能产生出一套连贯的公路网。然而，在实际的实验范围内竟然产生出一套有序的公路网，因此我们没有校订这条法则。

第三部分将对这一主题给予进一步的评述。

4.5 停车场是所有城建元素中的最后一项，必须使其被建筑物围绕，并尽可能减少停车场对环境的影响。

每增加一个建筑项目都必须考虑其对停车场的需求。如果需要增加额外的停车空间，就必须根据下列原则在适当的位置建造停车库或停车场，以满足新出现的停车需求。

a．停车场或停车库总是被“埋在”或半埋在建筑物底层，建筑物环绕或背对停车场，以使它们能尽可能地遮挡住停车场。

b．一般来说，停车库由宽为60ft的带状结构组成。车库的全宽可以是60ft的任意倍数，如60ft、120ft、180ft等。

c．每辆汽车需要300ft^{2}的面积，因此，在一个60ft宽的带状场地上，每10ft可停放两辆汽车。

d．用修建大型车库的方式去填满一个别扭的角落常常是经济的。出于这种缘故，所修建的车库往往比特定的建筑项目所需要的停车空间大得多。在建造时，每个车库都为此留有过量的闲置空间。随着后期建筑物的增加，这种闲置空间就会减少，直到没有可用的停车场地时才开始建造新的停车库。

e．服务于任何特定建筑物的停车库与该建筑物的距离必须小于500ft。

f．停车场必须和公路相连。

g．当离开停车场时，必须能看到停车场所服务的建筑物的入口。

ꙮ

在整个实验模拟中将不断发现城市空间法则的实例和它们的应用。然而，修建剧院作为完成主广场的一种方式，是一种典型的建筑物利用人行空间的方式。

花园作为建筑物的一个附属结构，其建造过程将在第136页出现。停车库的建设是按法则4.5的规定进行的，作者在第140页中非常清楚地描述了这一点。在工程中期，随着不同的建筑项目的增加，公路的修建也在不断进行，可以在第100页、第112页和第166页中看到。

法则5：大型建筑物的布置

现在我们讨论建筑物自身的设计和布置。如果建筑物本身内部就不具有整体性，我们就不可能期望在城市或周边街区，乃至更大范围内出现整体性。因此，尽管建筑物的平面布局通常没有被看作区域规划或城市设计的一部分，我们也无法避免去影响和调整构成城市的建筑平面布局，至少它们自身应该是足够完整的，才能形成周围的完整性。具体地说：

入口、主要通道、各建筑模块的主要分隔、内部露天场地、日照，以及建筑物内部的运转都应与该建筑物在街道和周围街区的位置协调一致。

我们设计了一个布置建筑物的精确过程，从而使这些建筑元素井井有条、相互协调。在我们的实验中最能清楚体现这个顺序的建筑项目是教育中心，详见第121页。这里我们将它作为一个实例，其步骤如下。

5.1　作为公共空间进展的一部分，确定建筑场地、屋前空地和初步的场地规划。

5.2　根据所需要的总建筑面积和相邻建筑物的高度确定建筑物的层数。

5.3　如果建筑物有主体部分，则确定主体部分的位置和高度（由此决定其体量）。

5.4　确定主要庭院（如果有的话）及其他庭院的位置。

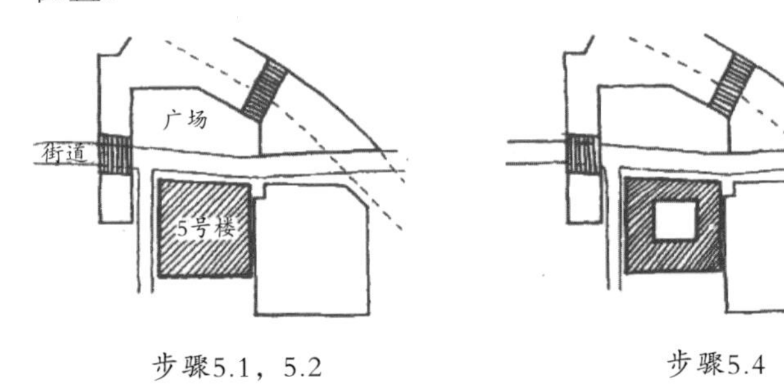

步骤5.1，5.2　　　　步骤5.4

5.5　确定各个较大花园的位置，保证其所处的位置有合理的采光。

5.6　把建筑物的次要部分作为辅助群来确定。

5.7　确定从附近人行街道走近建筑物的主要方向，确定建筑物主要入口的位置。

5.8　确定作为入口主要内部空间的门厅的位置。门厅可能相当大并且高于一层楼。

5.9　确定室内街道（如果有的话）的位置，作为较大的街道至少在建筑物内应有两层楼高。总之，这些室内街道必须要顶部照明，光线充足。

5.10　如果在建筑物内还有进深大于 40ft 的地方，则在适当的位置设置采光井，使整个建筑物由两翼组成，每翼的两侧都采光，从而进深不超过 40ft。

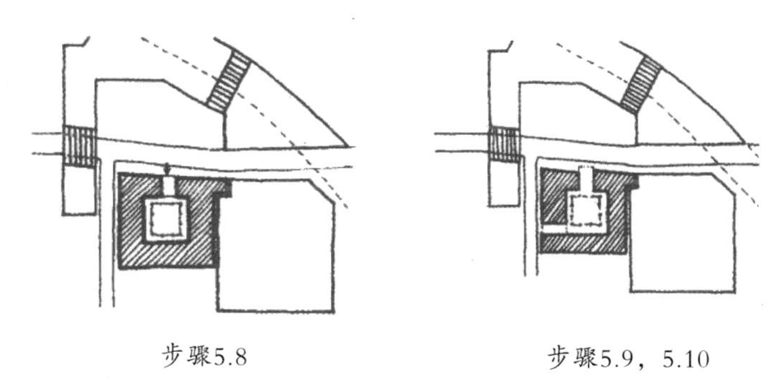

步骤5.8　　　　步骤5.9，5.10

5.11　确定所有其他较大内部空间的位置，包括礼堂、主会堂、舞厅、健身房、主候客室等。这些内部空间与门厅的大小规模相同。总之，在这一阶段，所有较大的公共空间都必须定位。

5.12　设置建筑物的主楼梯（如果有电梯则还要设置电梯）。注意这种楼梯是指占有几层楼高的空间体量的楼梯，而不只是楼层之间的一条对角线。因此，可以把这种楼梯当作一间周边设有台阶的、从上到下一通到底的房间。

5.13　在庭院的四周，或设置窗式的长廊，或设置敞式的拱廊，或在地面设置路径，以提供主要的通道。庭院入口的安排要非常合理，使人能很容易地从主门厅出入所有庭院。

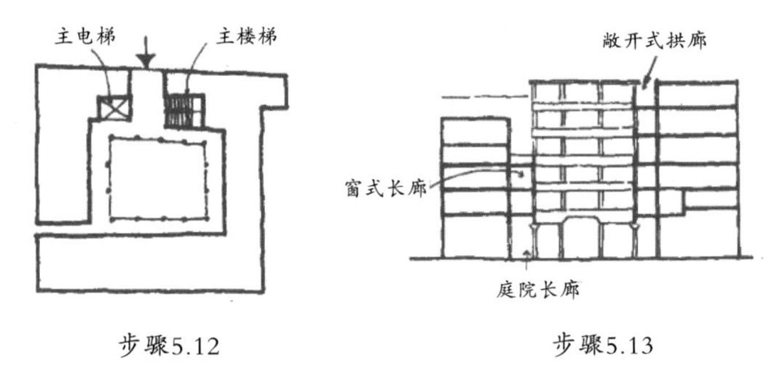

步骤5.12　　步骤5.13

5.14　如果底层临街的一些面积被用作商店或公共场所，则需确定这些被利用的部分。

5.15　在建筑物内，确定人流通路系统关键点上的某些“密集节点”。这意味着某些自然聚集的场所（咖啡店、香烟店、礼品店、食品店、酒吧、花园座椅等）应该被安排在建筑物内所有通道都经过的地方，使其自然成为人们聚集活动的场所。

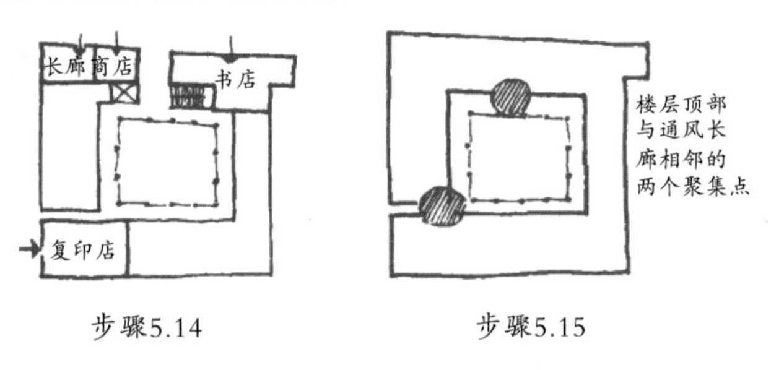

步骤5.14　　步骤5.15

5.16　确定各个分区（或者公寓或者其他任何准备划分的自然单元）的相对大小，将它们分配在建筑物的不同部分。如果这些分区属于某位用户，则允许他们在大楼内自己选择场地。一个分区不一定要仅限于某一层楼上，将一个分区放在大楼中竖向相邻的几个房间或相邻楼层的相同位置，也是非常理想的处理方法。

5.17　如果某个分区有屋顶阳台与大楼较低部分的屋顶相连，则必须明显地标出这些阳台，使人们在这个阶段充分了解楼房高度上的变化。

5.18　不管各分区之间的竖向接口在哪里，都要在大楼完成时让人们能一目了然地看见这些接口。可以想象一些明确的结构体与大楼各分区所占空间形状相同，这些结构体至少是部分可见的。这种想象是很有用的，它使你开始明白各种结构体的轮廓是如何在大楼外面被看清的。例如，公寓部分应当是从外面、从进入方向能被看见的实体。如果分区是竖向分布的，则大楼看起来是细高型楼房（阿姆斯特丹法）。

5.19　现在确定为各分区服务的次要楼梯和电梯的位置。通过已经建成的长廊系统，这些楼梯必须和主门厅连接。对于公寓区来说，楼梯可能在大楼的外面。对于某些办公室来说，楼梯可以通向地面，可以直接从外面进入。但是这些楼梯必须要有明确的指向，使第一次进入大楼主入口的人不至于晕头转向。

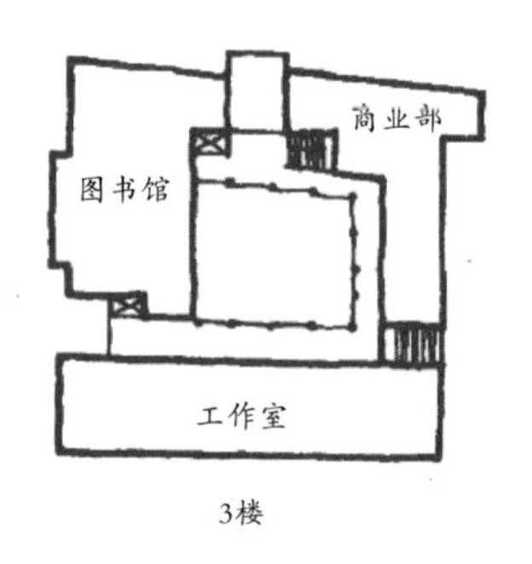

3楼

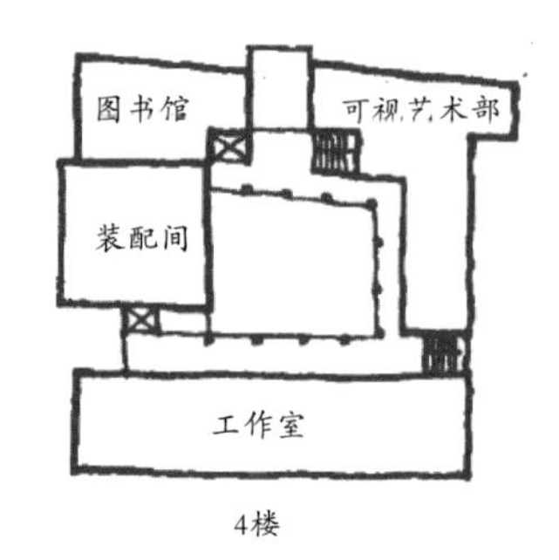

4楼

步骤 5.16，5.17，5.18，5.19

5.20　确定每个分区的入口位置，使人们从楼梯就能看见这些入口。入口应当体量较大、容易辨认，使人们进入该区域时有明确的方向感。入口应当通向一个能看见户外的位置，这样人们自然会朝着有光的方向走。

5.21　在每个分区，确定最大和最重要的一个或几个房间，精心地布置这些房间，使它们光线明亮、交通方便、视野开阔，并且在分区的自然空间层次中位置恰当。在许多情况下，这些“大的”房间的天花板可能比其他房间的天花板更高。

5.22　确定其重要性仅次于大房间的较大房间系列。同样，要特别注意这些房间的采光程度。不必过于担心人流通道空间。相反，允许这些房间兼做相邻房间之间的通道。如果这些房间的天花板比最大房间的低，则着手考虑某些结构（即承重体系）高度发生变化的可能性。

5.23　如果分区占用几层，则需设置内部楼梯。

5.24　设置进入分区内房间需要的小通道。

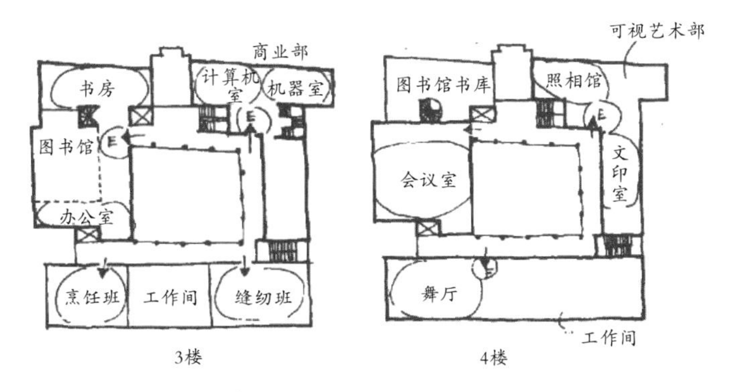

步骤 5.20，5.21，5.22，5.23

5.25　最后，在前面决策后余下的小空间内设置小房间、个人房间、浴室、储藏室等。

法则 6：施工

这条法则解决建筑物的细部结构问题。即使是经过精心设计的建筑物，有优美的外形、合理的内部布置，它的整体性和周围空间的整体性在很大程度上仍取决于建筑细部的整体性，取决于建筑物结构的整体性。

建筑物本身的实际施工不能与城市的整体性相分离。耶路撒冷（Jerusalem）有一条著名的法规，要求每座建筑物都必须用石材贴面。这或许有点极端，过于古板，但是基本点很清楚，即城市的整体性与建筑物施工的整体性分不开。

每座建筑物的结构都必须在其实际构造上产生小范围的整体性，比如在它的结构开间、柱、墙、窗、房屋基础等方面。一句话，在它的整个实际施工和外观上形成整体性。

这条法则包含着一系列凭经验粗略形成的法则，这些法则有助于保证建筑结构和细部的完善特征和整体性。

这些法则包括两个层次。

A．第一套法则考虑建筑结构的总体三维组织。这些法则保证实际结构与建筑物的体积和空间相协调。

B．第二套法则考虑建筑物的细部。这些法则保证建筑物的外部与公共空间相协调。

A．总体结构

为了在建筑物中产生连贯的结构，我们要求每座建筑物都要在三个规模层次上有明确的结构总体安排：结构开间、主结构和次结构。

6.1　结构开间的设置

结构方案的基本单元是我们平时所说的“结构开间”。结构开间是一个三维结构单元，自身作为一个三维实体结构存在。一个结构开间可能是数层高，四周由较大的柱梁和墙包围。

在建筑物初步设计的早期阶段，有必要把建筑物视为结构开间的布置。我们可以说，结构开间的布置是建筑物最初的结构草图。

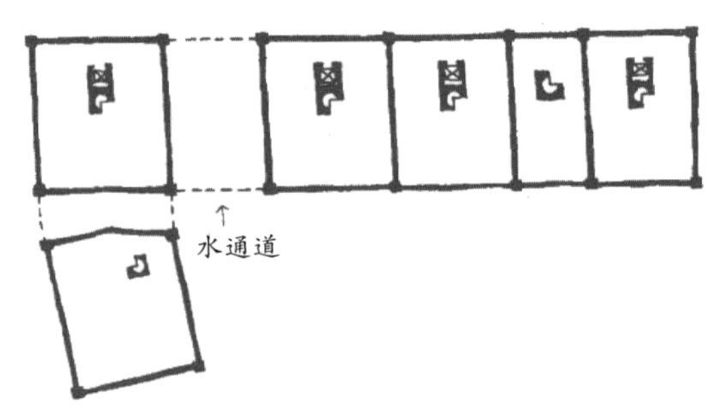

我们要求结构开间的布置在建筑物内外均为可见。

6.2　主结构

在结构开间内有主柱和主梁。然而，主柱和主梁从一个开间到另一个开间不是必须一致。这意味着在不同的结构开间内有不同的柱距和室内净高。

主结构确定建筑物内的最大房间和空间。

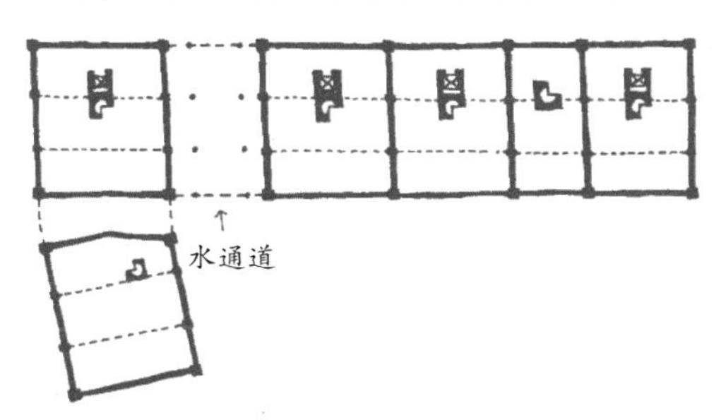

我们要求最大房间和空间由主柱和主梁围成，使主结构与最大空间相协调，且能在房屋内外直接由主结构的构件判断出。

6.3　次结构

小房间和过道是由次结构构件确定的。这些构件可以包括墙、次柱、次梁以及天花板。

这些次梁和次柱总是搭在主梁和主柱之间。

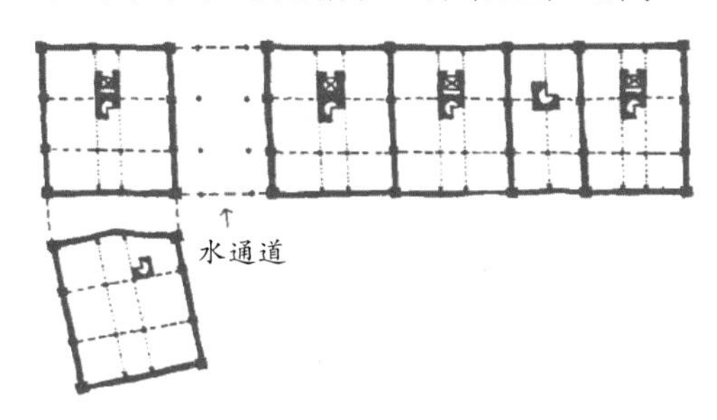

下面给出一个具有特大跨度的两层楼的不同楼面布置方案实例。这两个楼层的主要结构和次要结构相互协

调。二楼上的所有主柱都与一楼的梁结构相匹配。

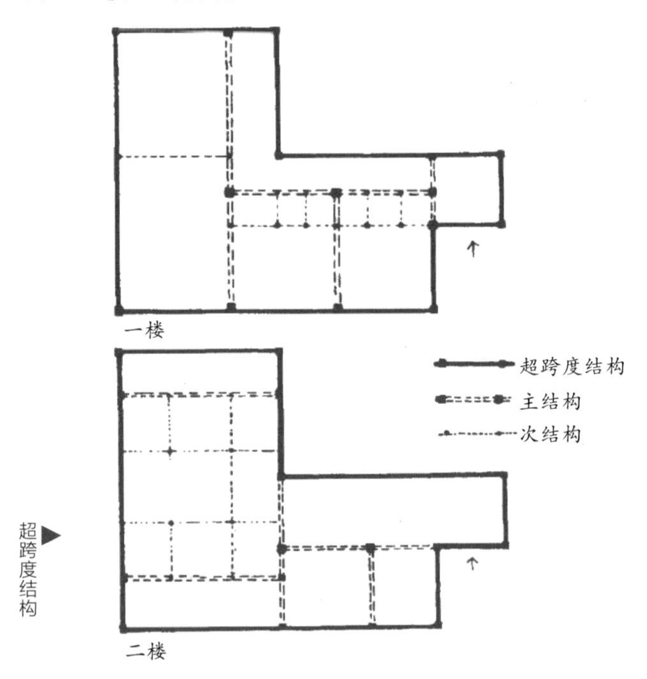

B. 细部

在由前面这三条法则定义的粗略的结构方案内，我们要求每座建筑物必须遵守以下对细部的要求。

6.4 首层。首层高于其他层，它通常是一个较大、较壮观的结构。

6.5 屋顶线。由装饰物、女儿墙或其他明显的东西所标志，至少有 4ft 高。

6.6 楼层分区。根据建筑设计方案：一层不同，二层、三层或许相同，三层、四层或四层本身都不相同，顶层不同，通过窗户尺寸变化、层高或结构构件间距的不同将建筑物所有的楼层划分成几个不同区域。

6.7　所有建筑物都有清楚明显的窗户。

6.8　窗的总面积（以窗框外侧计算）占墙壁总面积的 30% ～ 50%。

6.9　有一些附属结构，或是装饰或是子结构，其几何尺度可与窗框大小一样或小于窗框。

6.10　所有的建筑物都是由钢筋混凝土或砌筑材料（预制混凝土砌块）建成，然后油漆或粉刷，或留清水墙壁。一般来说，预制混凝土构件比砌块或梁尺寸要小。

6.11　一般情况下，同一座建筑物内的开间大小应相同，除非有特别充分的理由去改变它。

在整体结构和细部结构上都严格遵守这些法则的实例，可参照第 199 页的仓库。

法则 7：中心的形成

这条法则解决在建设过程中所有不同规模的整体的几何形状问题。它是与我们所有的整体性法则最接近的一条法则，也是最具体和可行的法则。

它描述某些凭经验得出的几何法则，这些法则将保证一座建筑物作为一个实体，或一个建筑物新增加的部分，或一个小的细部结构，都能够与它相邻的空间协调，形成包括建筑物和空间在内的整体。

▲临海一侧立面图

▲主广场北立面图

这条法则直接利用最高法则的内在特征所产生的结果（见《秩序之本》）。它用非常简单的形式介绍具体的几何法则，使其很容易遵守，尽管不完全准确。

每个整体都必须自成“中心”，还必须在它四周产生出一个中心体系。

这个原则取决于“中心”的定义。为了详细理解这个概念，我们可以制定以下具体的原则。

中心的定义

7.1　一种“东西”，而不是一个点。中心并不像“中心”这个词所指的，仅仅是一个碰巧处于某一较大领域中心的一个点。中心是一个实体，如果你喜欢，可把它看作一件“东西”。它可以是一个建筑物、一个户外空间、一个花园、一道墙、一条路、一个窗，同时也可以是一个由这些东西组成的综合体。

7.2　对称性。一般来说，一个中心具有某种基本的对称性，特别是双边对称，类似于人体所具备的对称，即左右对称和轴对称。这并不意味着所有的中心都是完全对称的。但是当不对称情况发生时，中心化的过程通常是试图逐渐将不对称事物或中心变为一系列更简单的中心，而这些中心自身是对称的，它不允许随意的非对称排列。

7.3　一个中心牵涉外部空间，就如同牵涉到实体物和建筑物一样。因此每个中心都是一个整体，这个整体是由若干附属的整体所组成的。

7.4　当我们看一个中心时，我们看到下列法则的应用。

a. 它本身是完整的，拥有自身的对称性，明显、醒目，不拘一格。

b. 它的主体部分本身也是完整的，并具有自身的对称性。

c. 相邻于中心的空间或建筑物，其自身是完整的，并具有自身的对称性。

d. 中心这个整体总是某种更大整体的一部分，而更大整体本身就是一个中心，具有一定的对称性。

7.5　发展和对称。在发展过程中，一个中心不大可能完全对称。事实上，当中心不断增长时，含有越来越多的由一系列必然事件产生的不对称体。有时，这些现有的几何关系是极为奇特的［例如，我们在旧金山的实验现场里，高速公路和希尔斯兄弟咖啡厂（Hills Brothers）等都是以一种非常复杂的顺序排列的］。

然而在中心形成过程中所发生的主要问题是每一个新的中心都努力将对称性引入这个区域，但却总是失败。

这是因为天真地插进一种对称物体总是徒劳无益的，它与其周围复杂的非对称体毫不相干。一种极力与其周围的复杂区域相关联并将其结合为一体的物体总是几乎对称，但却不是完全对称，这不是刻意形成的，而是真正努力后的必然结果。

我们总是能够尽快认识到中心真正结构的原因之一就是我们总是能够发现对称与非对称的平衡，即使我们不知道在“功能上”会发生什么情况。因此，我们可以看到中心领域的产生，一种随意相连的局部对称体系的产生，总是那么不拘一格，总是那么必然，在各个规模层次上产生出最可能的中心结构。

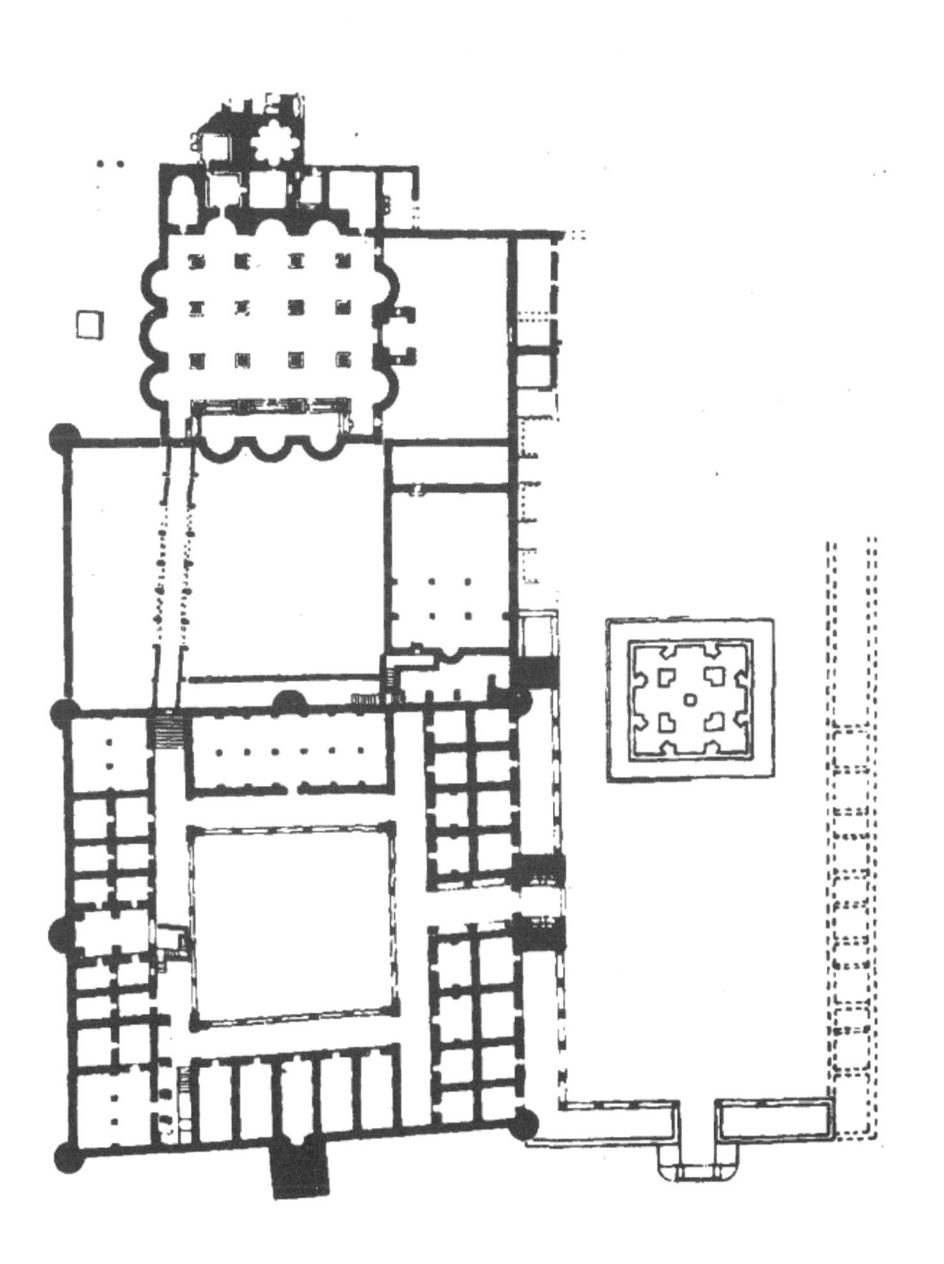

WART

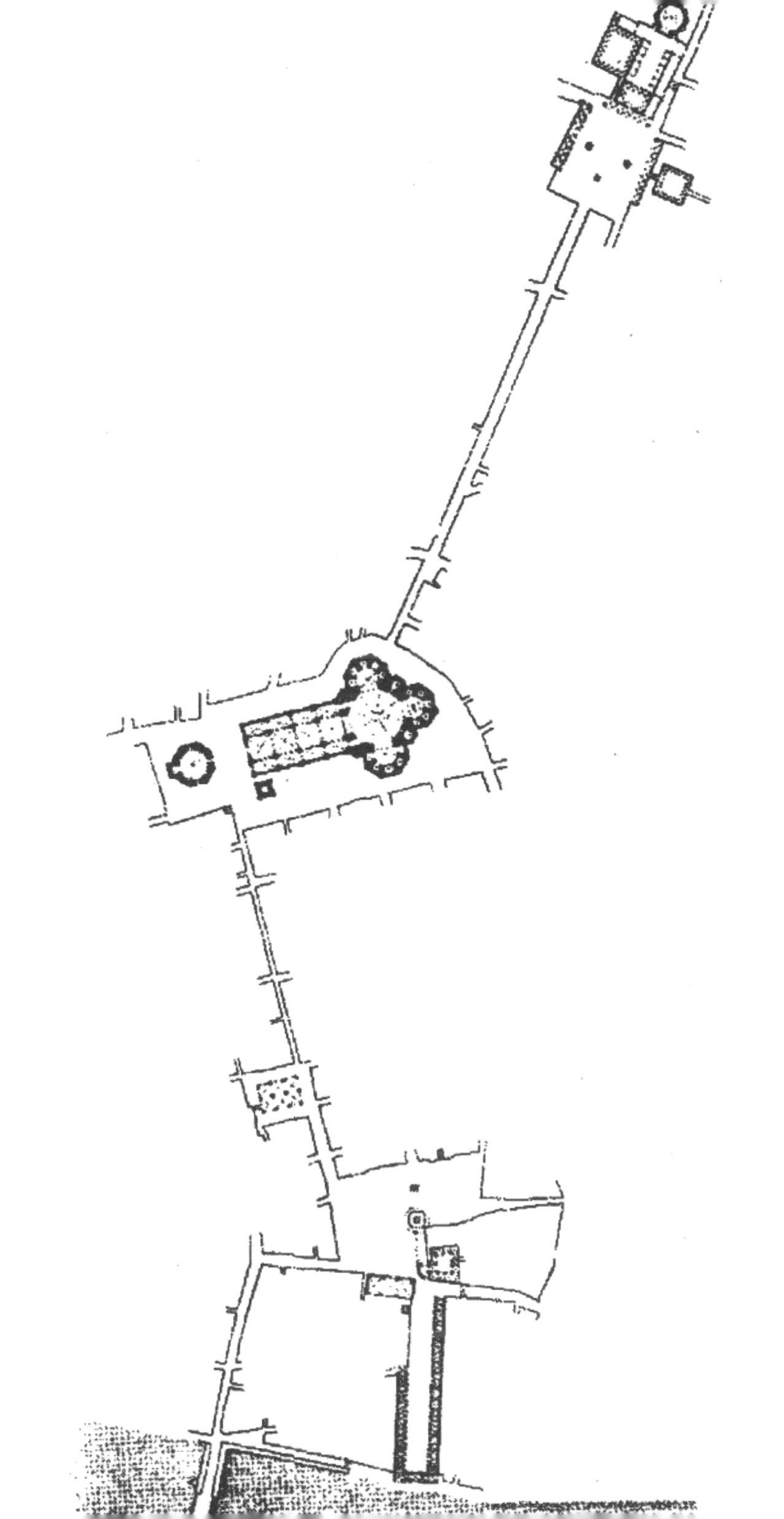

ꕥ

学生们不太容易理解产生中心的原理。因此，在模拟研究中最有力的实例往往出现得比较晚。

在中等规模中心中，图书馆是一个理想的实例，小码头也是。而在最大的中心中，音乐台是很不错的例子，它可以作为一个由小中心协助产生非常大的中心的实例。剧院的中央庭院是另一个非常典型的实例，作为一个中心，它本身由较小中心组成的拱廊所环绕，同时参与在主广场形成最大的中心。

关于非常小的中心，我们可以用两个喷泉以及水边的护桩作为实例。

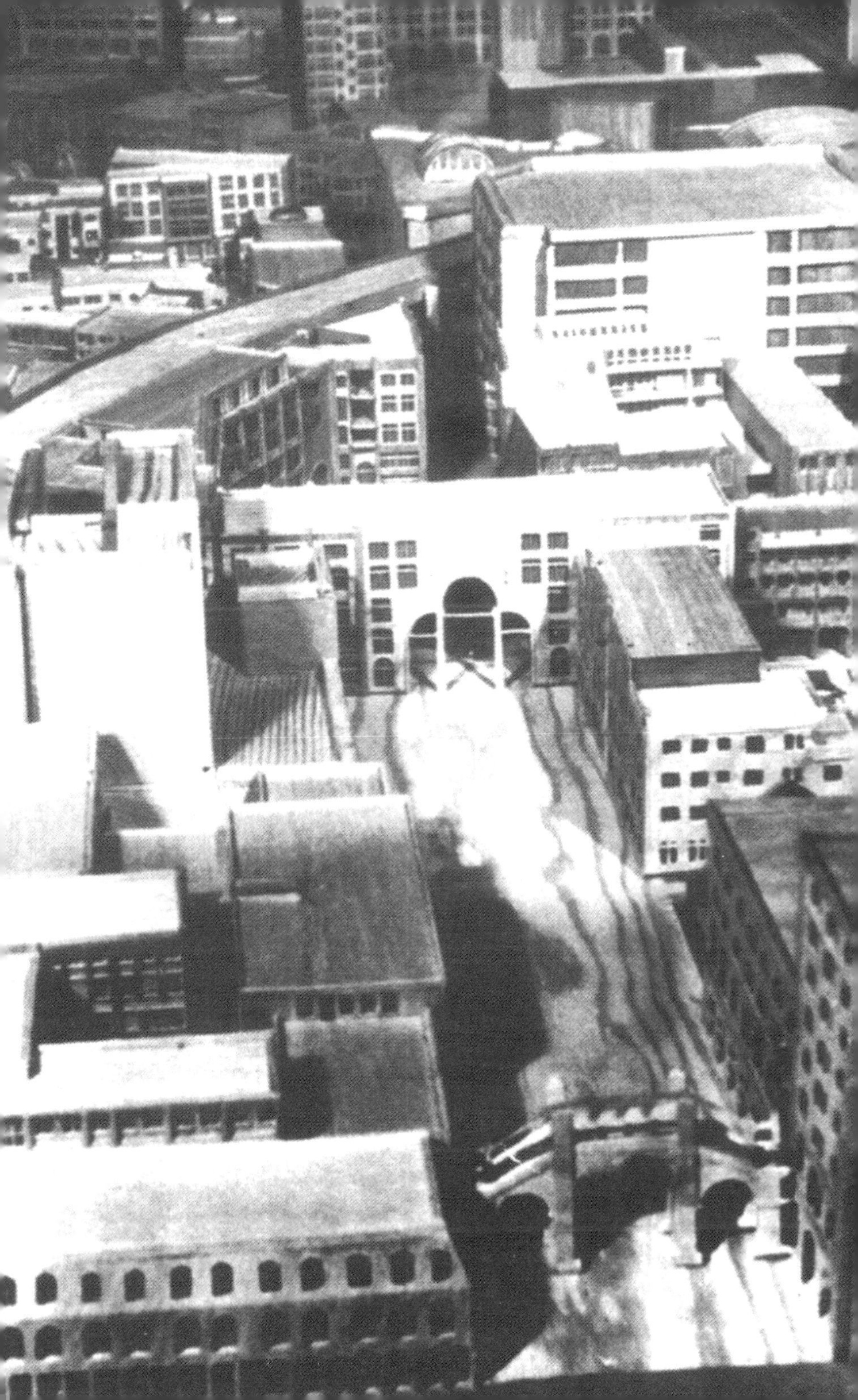

PART Ⅱ.EXPERIMENT

第二部分

实验

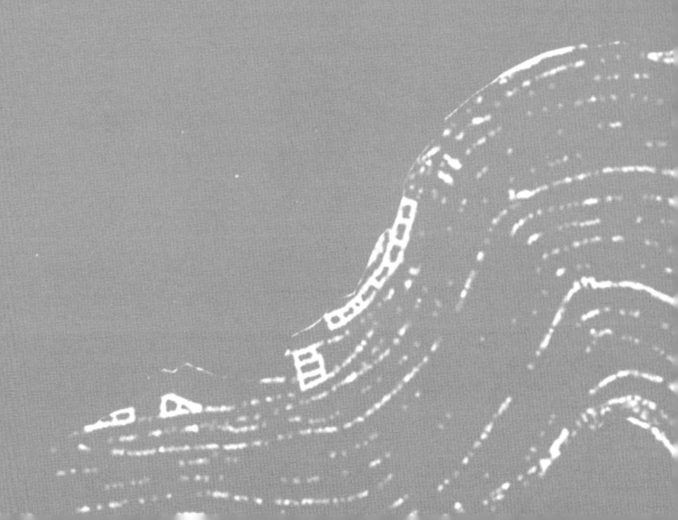

我们现在介绍主要实验。这个实验由城市发展的模拟过程所组成，大约有20人参加了这项实验。这个模拟过程完全以我们提出的一种总法则和体现这一总法则的七项法则为基础。

在这个模拟中，我们选择了旧金山海滨的一部分，该地区确定在近期进行开发。该地区位于港湾桥（Bay Bridge）以北，总面积约30acre，包括几条现有的街道、三个码头、希尔斯兄弟咖啡厂及其他建筑物，如夜总会、旧基督教青年会及仓库和工厂。这个模拟本身由大约90个发展项目组成，这些项目都是过去五年间在这个地区模拟完成的。

为了做这个模拟实验，我们首先制作了一个比例为1∶384的整个项目区域的物理模型，包括详细的港湾桥、海滨区、街道、人行道、高速公路和所有附近的建筑物的模型。因此在我们面前始终摆着全区域的整体模型，它是一组用本色硬木精心制作的漂亮模型。

在发展的每一个新阶段都会有新的模块添加到整体模型中，就像在一个真正的城市里建设一样。有时，这个模块是一个大型模块，代表一个大的建筑群体。有时，它是一个小模块，代表一个座椅或一排护桩。

因此，在参加模拟实验的所有人面前一直都有海滨区项目的三维物理模型。

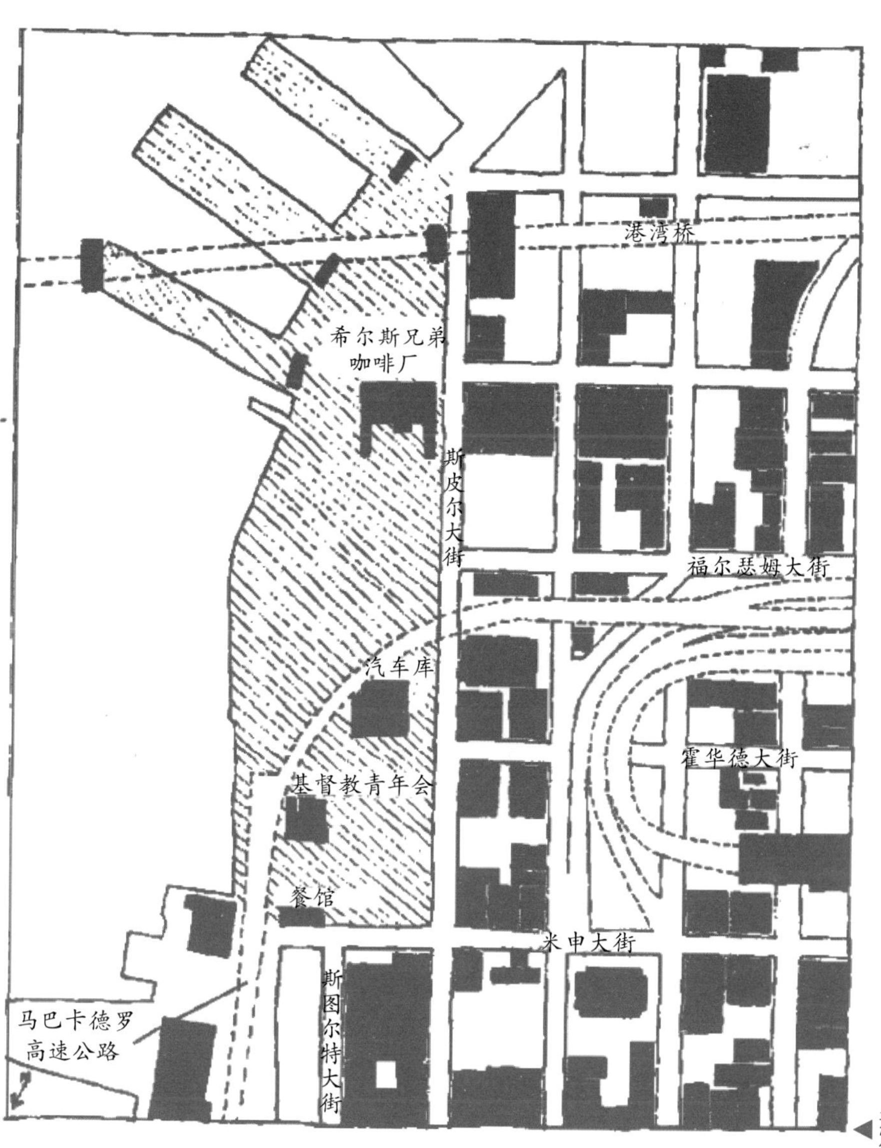
港湾桥
希尔斯兄弟
咖啡厂
斯皮尔大街
福尔瑟姆大街
汽车库
霍华德大街
基督教青年会
餐馆
米申大街
斯图尔特大街
马巴卡德罗
高速公路
开发区

工程竣工图

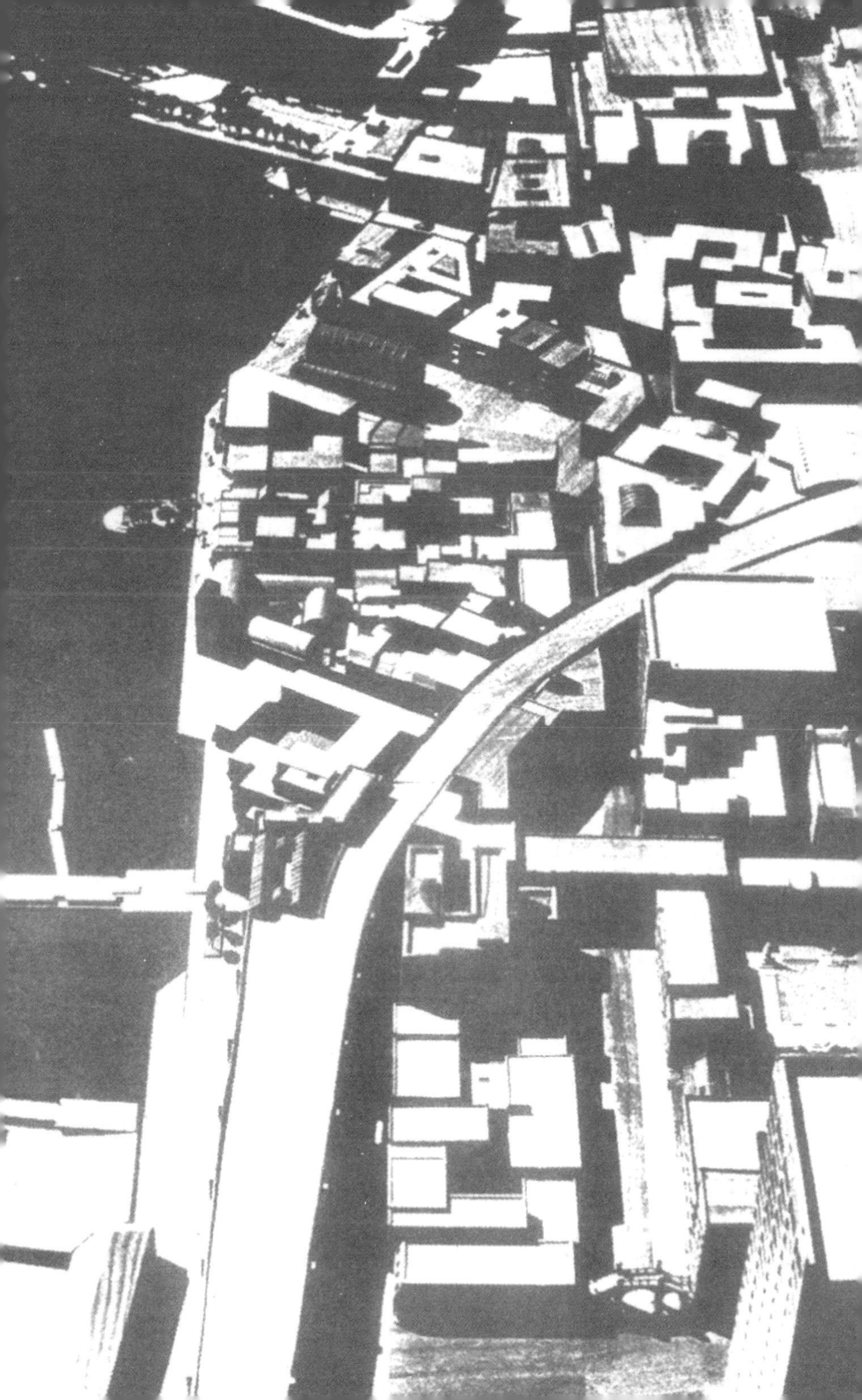

这个模型是我们的世界，是我们提出的一种新理论的实现。

在我们的模型中，实际项目是由18个研究生实施的，他们“代表”着开发商和社区群体。这些开发商和社区群体被该地区的蓬勃发展所吸引，志愿参加新项目建设的开拓者。

为了使整个模型有足够多的项目，每个学生必须做6个项目。然而，每个学生做几个项目对于模型来说意义不大，它只是为实验提供便利的条件。我们应该把这18个学生所做的90个项目看作由90个不同的人所做的。

由于在这个过程中的一条法则（法则1）给出了开发项目的大小分布，90个项目可大致分为三类：大型、中型和小型，每一种类型的数量基本相等。为此，我们要求每个学生做两个大型项目、两个中型项目和两个小型项目。

本实验的原作者亚历山大和金［与戴维斯（Howard Davis）一起帮助我们］在模拟实验过程中起着委员会的作用，负责检查和管理整个发展过程。

我们还没有规定产生这样一个委员会的方式，以及它在真正的城市中所起的作用，但它就像真正的计划委员会或计划当局一样行使职权。

模拟还存在着与真实世界不相符的地方。这个模型是加州大学伯克利分校的研究生培养计划的一部分，因此，它是我们的教学任务。参加这个模拟的学生需要参加对每个项目的研讨。所以，有大量的无法用语言形容的与该项目相关的内容，都是从人们对我们要完成的项目的相互理解中产生的。这种现象变得越来越突出。在发展的最后阶段，学生们可以不用委员会的指导完全独立地工作，因为他们已经完全学会和懂得了这条总法则和七条分法则。

当然，根据目前的发展过程，在真正的城市建设中，从事 90 个项目的 90 个人不会互相交流，因此也不会有任何不言而喻的渐进式增长。但是，有可能想象一种新的城市发展过程，在这个过程中，不同的个体和开发商共同参与所选定地区的开发，他们以同样的方式，采用新的法则或新的社会体系相互交流、相互促进。

这里要特别提到我们的两位合作作者，H. 奈斯和 A. 安尼诺，他们是这队学生的领导，也可以说是实施现场的社区领导。本书之所以能够完成并出版，主要是基于他们不懈的努力和顽强的毅力。

※

具体来说，发生了些什么事呢？参加模拟的每个学生都被要求在工作过程中实施6个项目。在这6个项目中，必须有2个大型项目、2个中型项目和2个小型项目，预先并没有现成的项目程序。为此，每个学生要自己考察这个地区的条件、各个时期的发展状况，并在此基础上提出自己的项目。有了这些亲身体验以后，他们就能按照整体性的需要提出合理的模拟项目。

当他们提出一个项目时，开发委员会将审查他们的方案，看它是否能够满足前面的七条法则。如果可以满足，这个项目将被正式批准。如果项目未被批准，有时被打回去重新修改，直到它可以更好地遵守这些法则。另一些项目被完全否定，因为它们与法则相差甚远，不具备可行性，甚至没有修改的价值。

委员会对项目的讨论过程也是学生们学习七条法则的过程。尽管在这个过程中有一项教育功能，它属于大学教育而不属于模拟过程，然而在真正的城市建设中，当不同的开发商和个人学习掌握这七条法则，并按其提出项目时，也会有类似的学习讨论过程。

一旦项目被接受，它就被标注在大规划图上或记入日志，哪怕是很粗略的。这样就能使其他的参与者知道将要发生什么。然后，提出这个项目的学生进入设计发展过程，给出最终方案，再将其做成模型，并将这个模型放在项目区域的总模型中。

这个过程，与真正的开发建设过程是一样的，需要花费时间。在此期间，委员会的其他成员也大概知道将要发生什么，因为有一个未来建筑物的非常粗略的草图和纸板模型。这些纸板模型是放在总模型上的，表示其将被建设。当项目完成时，一个精制的硬木模型将用来代替原来的模型，这代表着真正的建设项目已经完成。

因此，模型一直都处在连续发展状态。一些新的模型在制作中，有的在硬纸板模型阶段，有的则在完成阶段。从这个意义上说，模型似乎总是和发展过程中真正的城市一样，新的项目、计划实施的项目、半竣工的项目和新的建筑物都相互交织在一起，构成某一时间里城市的真实骨架。

我们现在将一步步地描述项目的实际进展情况，因为这 90 个项目是一步步创造出来的。

我们从待开发的场地开始。在这个开始阶段，场地上就已经有了各种各样的旧建筑。高架高速公路通过项目地段，稍有点拐弯。在南段有一个废弃的巧克力工厂正等着重新开发，沿着海滨区有一条很少使用的公路，在南端的港湾桥下面，仓库和码头伸入水中。

现在我们必须决定首先做什么。

1：入口大门

当然，第一个问题自然是：我们怎么进入场地？它的入口在哪儿？因为这是一个最基本的问题，所以委员会带着全体学生考查了现场，决定从最适宜的那个地区开始开发。

现场的天然入口是位于场地北端的米申大街。我们进入现场并在场地里来回徘徊，发现北面场地似乎是最理想的入口处。与它相邻的是一排旧的酒吧、马利根爵士音乐俱乐部（Mulligan's Jazz Club）及各具特色的旧砖房建筑，西面是邮局。

委员会正式确认入口设在北端，同时开始征集入口方案。这个入口大门应当安全结实并引人注目。

首先提出方案的人是L.莫尔多（Leslie Moldow）。他对大门的构想是：门道窄而高，沿街立面呈拱形，有阶梯。这个大门将构成该项目的入口，是非营利项目，用公共资金建造。

◀大门的正立面图和剖面图

委员会批准了大门的整体设想。随后，项目资助者提出了详细的设计方案，大门很快就建好了。

▲
入口门道

关于更大整体性的评论

已建成的大门不仅构成入口，还对随后的整体街道设计有所启示。

因此，建造大门这个小行为不仅创造出围绕大门本身的局部整体，而且暗示着一个更大整体的形成，即南边的全长 300ft 的斯图尔特大街。

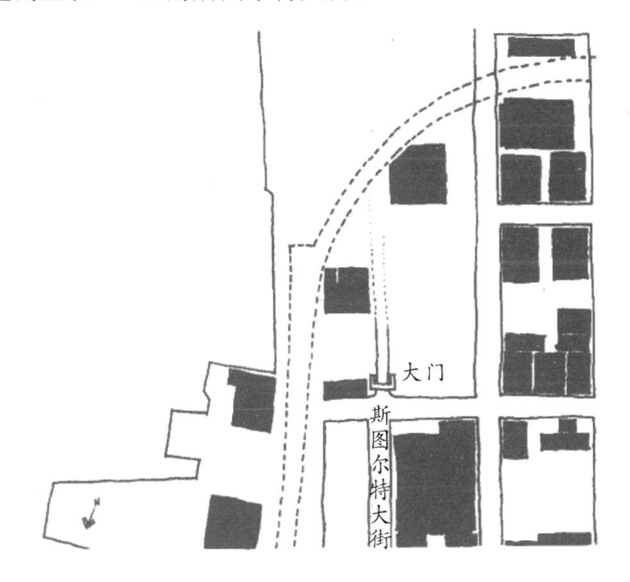

在这一阶段，我们对大门外的街道特征和处于大门和高速公路间的斯图尔特大街部分做了一次讨论。

我们认为这条街道应是汽车和行人共用的林荫道。如果专门作为人行道，似乎太远离城市生活，并且作为场地的主要入口来说，也不够活跃。同时，为了保证它具有浓厚的人行道特色，我们一致同意设置非常宽的人行道，每条人行道都和中心街道一样宽，而机动车道则非常窄，汽车在上面只能缓慢行驶。

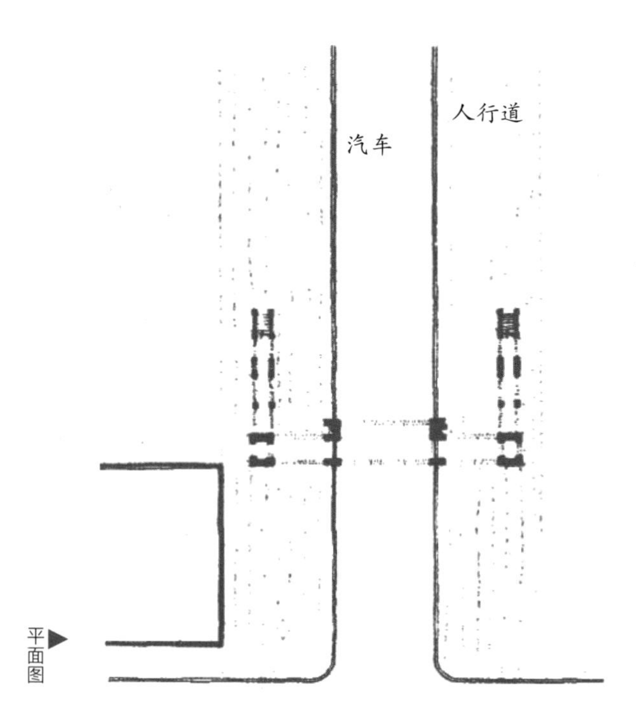

大家达成共识，在未来的建筑物和工程项目上尽可能去发展这条林荫道，使它具有正确的特征。但是，我们的共识没有采用确定的图纸或规划形式，因为我们想让林荫道在它相关的建筑项目的推动下发展。我们只是有意识地关注它的进程，以保护它出现时的特征。

2：饭店

根据法则（特别是法则 2），下一个项目必须设法采取一些措施去提高、扩大、增强和健全这个整体。为了做到这些，委员会和参加者展开了研讨。

在讨论中，J. 麦克莱恩（James Mclane）提议在大门旁边修建一个饭店，利用饭店的体量在大门后形成一条人行街。饭店将由私人出资建设。

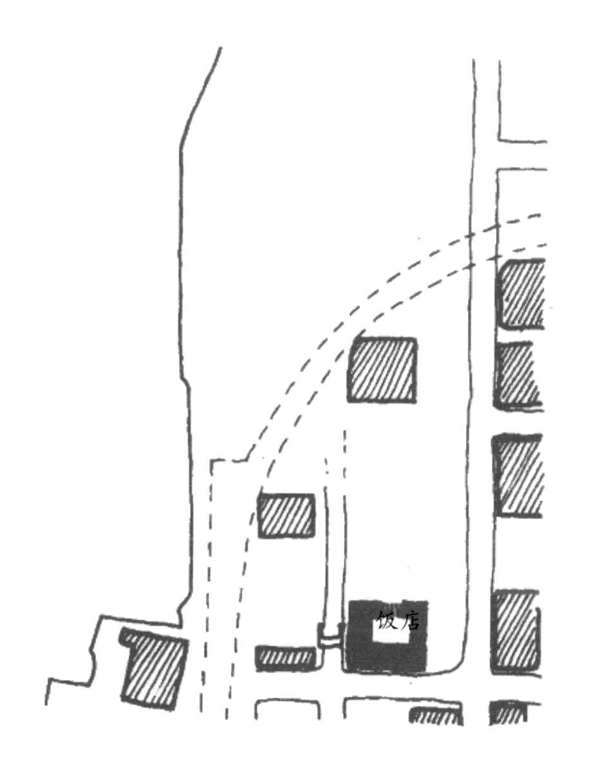

委员会批准了这项提议，麦克莱恩先生设计了以下有关这个饭店的详图。

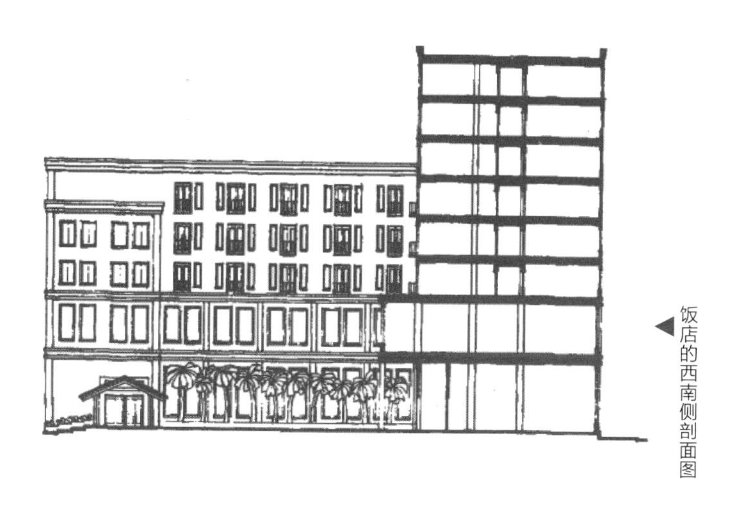

饭店的西南侧剖面图

饭店的东北侧立面图

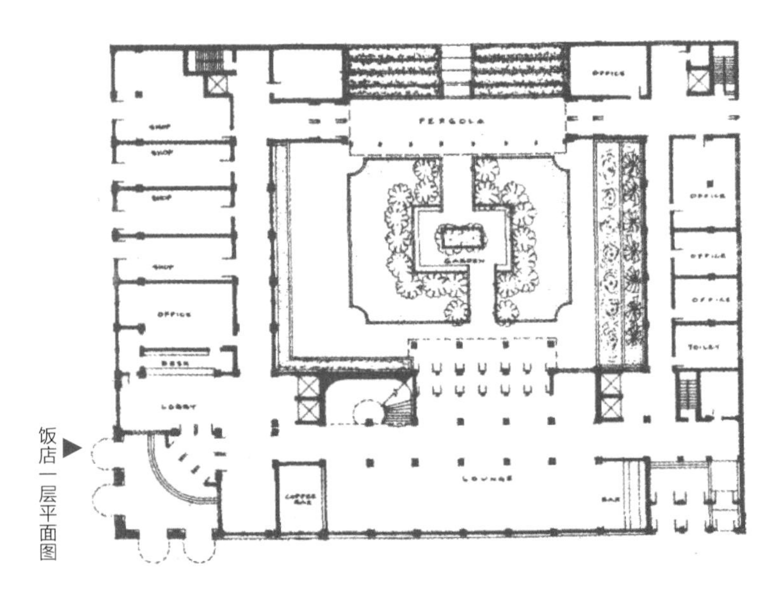

饭店一层平面图

◀饭店入口立面图

饭店最大的亮点在于，麦克莱恩先生提出在饭店后面建造一个小花园，便于客人观赏。他所设想的是这个小花园以后将扩大为一个更大、更公共化的花园。

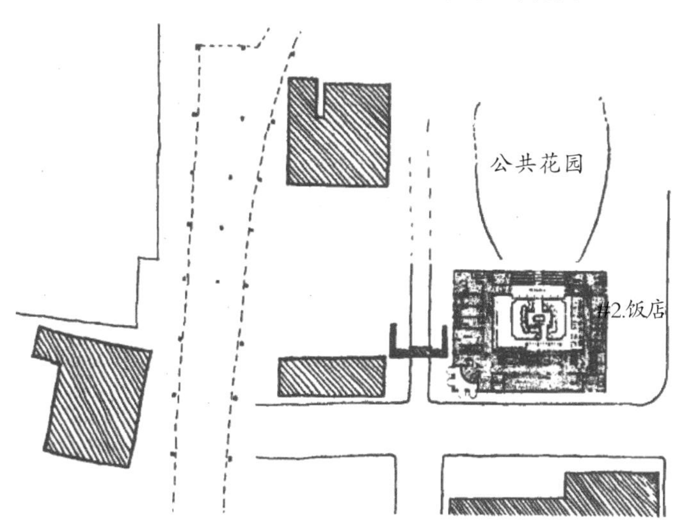

因此，一个小整体又一次包含着对未来更大的设想

中的整体的萌芽。这个想法很快被大家所认可，成了所有参加者的共同想法，因此我们（集体性地）知道如何努力使这个设想中的公共花园成为现实。（顺便提一句，这是个典型的过程，也是基本的过程。通过这个项目，人们对需要创建的公共实体有一种初步的认识，同时帮助和鼓励单个项目通过小的步骤创建更大的实体，当然它们互相之间是合作性的。）

3：咖啡馆

实现花园构想的第一个项目是咖啡馆。

咖啡馆的平面布局适合在前面扩展（和形成）林荫道，在后面建一个花园。这是一个非常实用的和漂亮的平面方案，有助于使它周围的空间整体化。

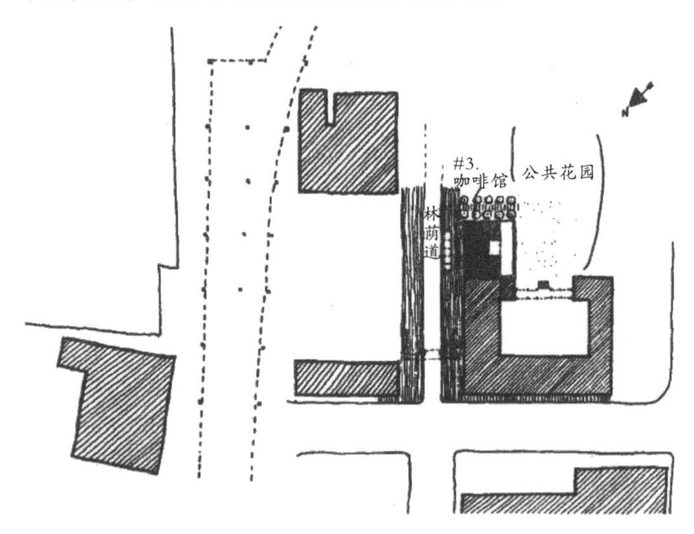

咖啡馆的构想是由M. 魏斯曼（Martine Weissmann）提出的。她这样描述关于咖啡馆的构想："当你经过大门时，在你的右边会看到一个三层楼高的咖啡馆。咖啡馆的前面是繁忙的人行道，后面是一个洒满阳光的阳台，面向公共花园。”

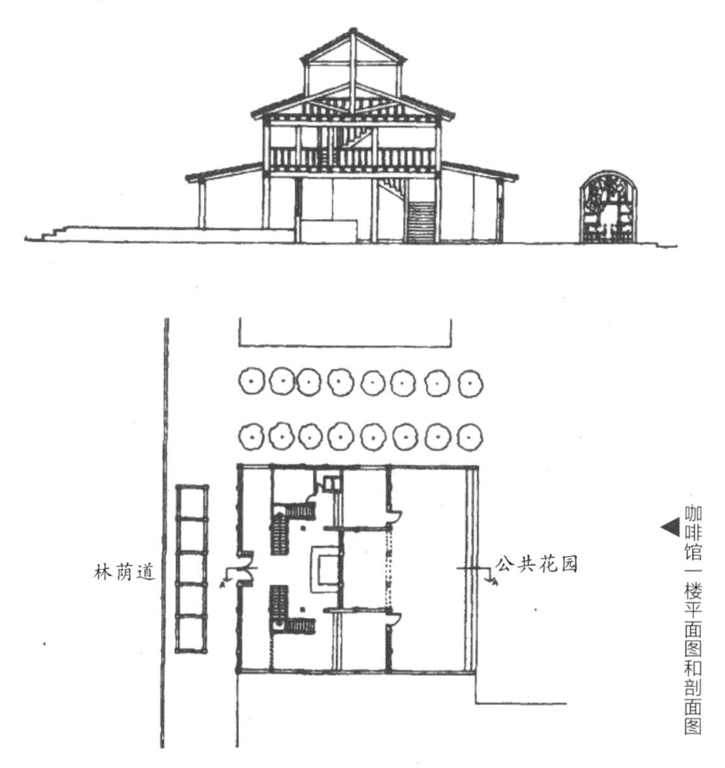

▲咖啡馆一楼平面图和剖面图

M. 魏斯曼独立提出了这个设想并出资建造了这个咖啡馆。

4：市场和渔用码头

与此同时，在咖啡馆对面，林荫道另一侧又出现了一座建筑物。这是根据 H. 弗罗耶（Hubert Froyen）的构想建成的。弗罗耶的构想是：“站在基督教青年会和法国饭店之间，朝水面望去，我看到一座穹窿建筑立在高速公路前面。在它下面，一条隧道穿过高速公路通向另一边。

在隧道端头，我看到木码头和一部分海湾。在隧道里面，有明亮的灯光并且几乎没有噪声；隧道左壁上的开口通往一个市场；右壁上的开口通往另一个市场，这是一个食品专卖市场。在食品市场一头，有一个出售渔船运来的鲜鱼的市场。”

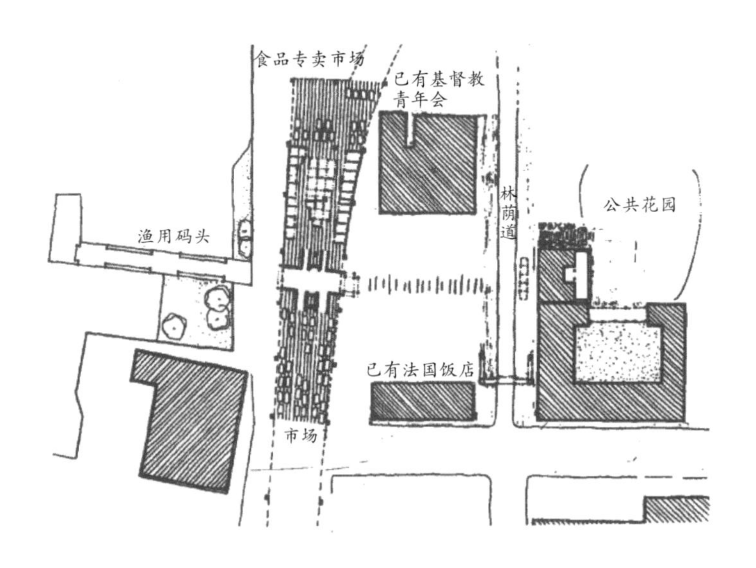

通过大门后，如果向左拐，就会走在一个没有明显标志的路上，在那里你可以看到高速公路前面的一座漂亮的穹窿建筑。穹窿建筑通向高速公路下面的市场，也通向高速公路远侧的渔用码头。按照弗罗耶先生的建议，市场和渔用码头是由公共基金和私人共同筹资修建的。

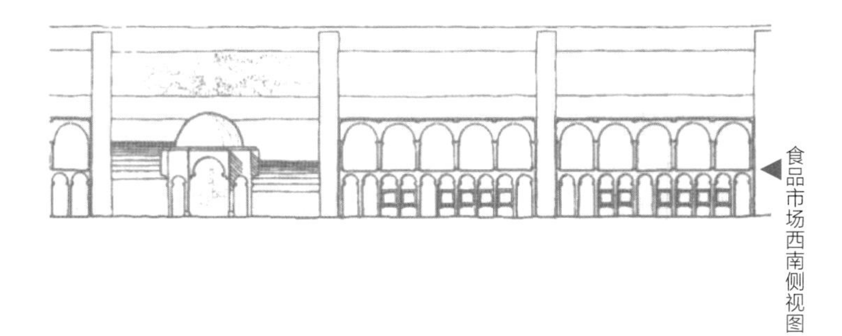

食品市场西南侧视图

这个项目将正在建设的林荫道与水面相连，并开始治理海滨。同样，通过在高速公路下面修建市场，使高速公路下面的区域变得安全和令人愉快。

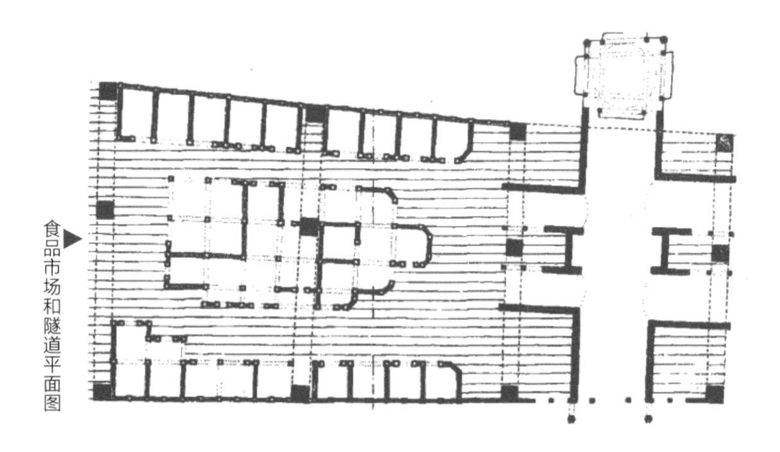

食品市场和隧道平面图

5：社区银行

接下来，到了该考虑如何进一步明确林荫道的时候了。在各种开发商之间，在委员会的成员之间，对于这个问题的讨论表明：林荫道本身在某些方面就是令人不解和模糊不清的。我们不知道它该有多长，到哪里结束。

根据讨论结果，委员会征集有助于定义林荫道的确切边界和形状的方案。第一个引起共鸣的方案是由 A. 安尼诺领导的设计团队为一家社区银行所做的。这个银行是由三座楼组成的建筑群，中间是广场。这个广场将成为斯图尔特大街林荫道的端点。在街道进入广场的一端有个大门；在离广场略远的一边是另外一个大门，在这里，道路穿过高速公路下面的涵洞，一直通向水域边。

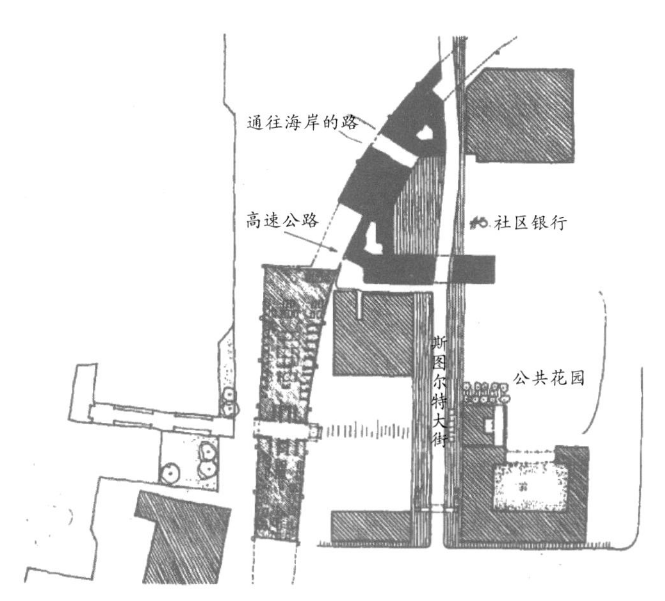

从这个例子中，我们看到中心的理论和总法则的确在起作用。在方案提出之前，法则处于未完成状态；而在方案提出之后，法则被确认。这个方案含有相当广泛的中心体系，它不仅规划了一个圆满的现状，也拥抱未来的发展。

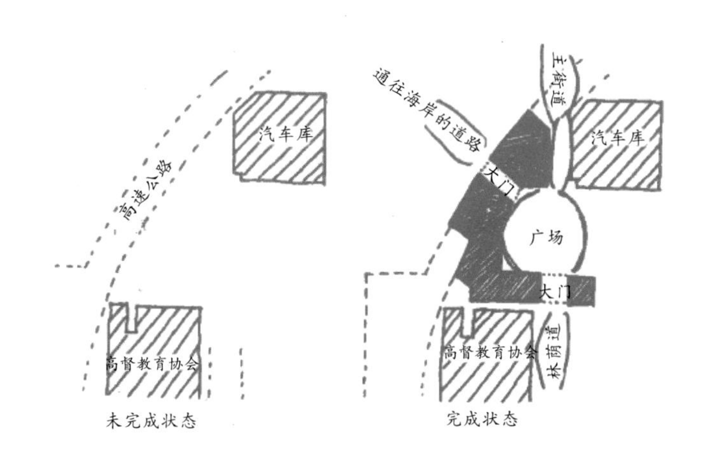

正如我们后来看到的，为了使这个中心体系有效和连贯,还需要各种小中心来装饰这个整体,使它富于活力。这些中心将包括喷泉和凉亭（项目 11，第 119 页)。

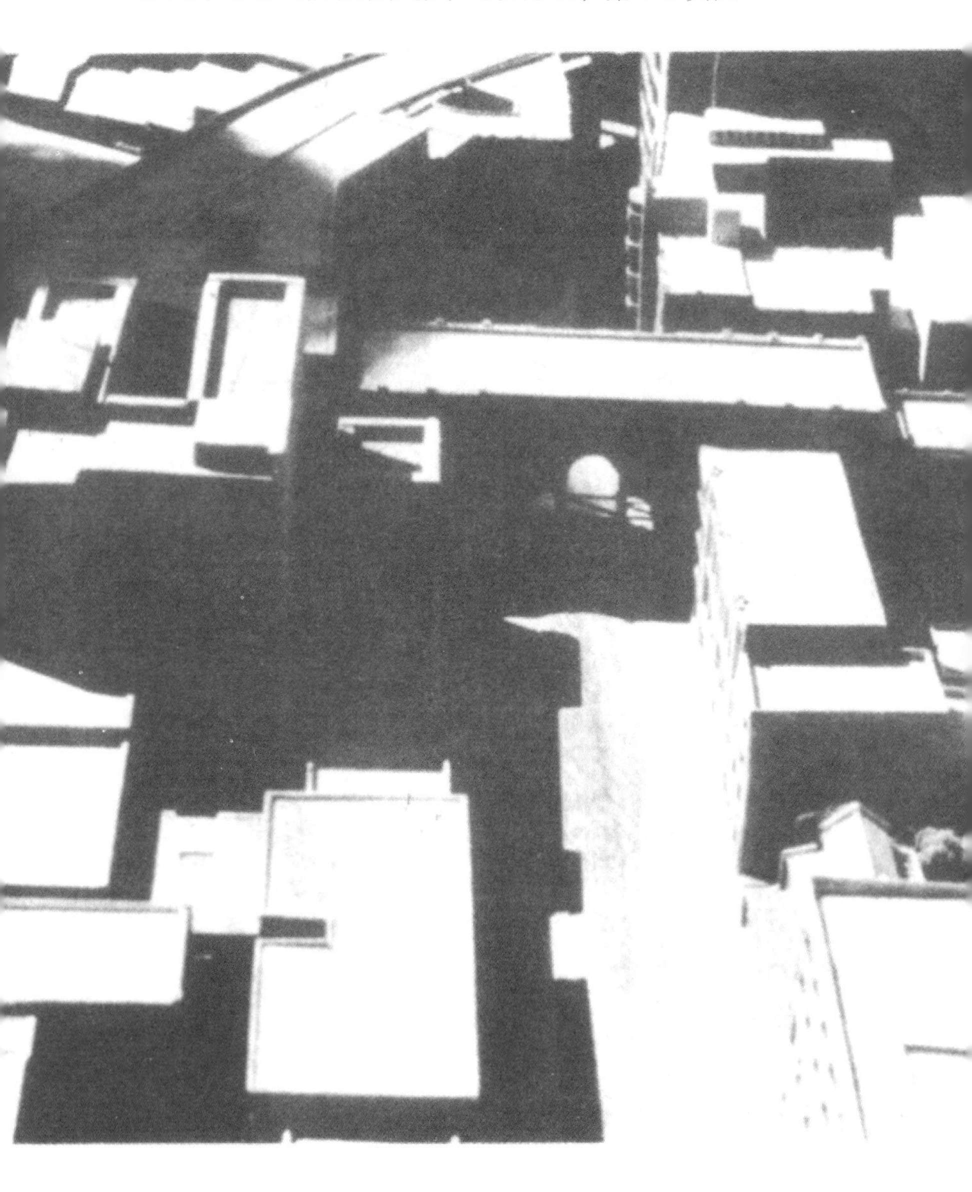

这个整体性项目是如何确定一个项目的典型范例。不仅考虑它自身的功能需要，也考虑它在健全周围环境方面应当发挥的作用。它的形状主要是根据其对健全周围环境应起的作用而设计的。

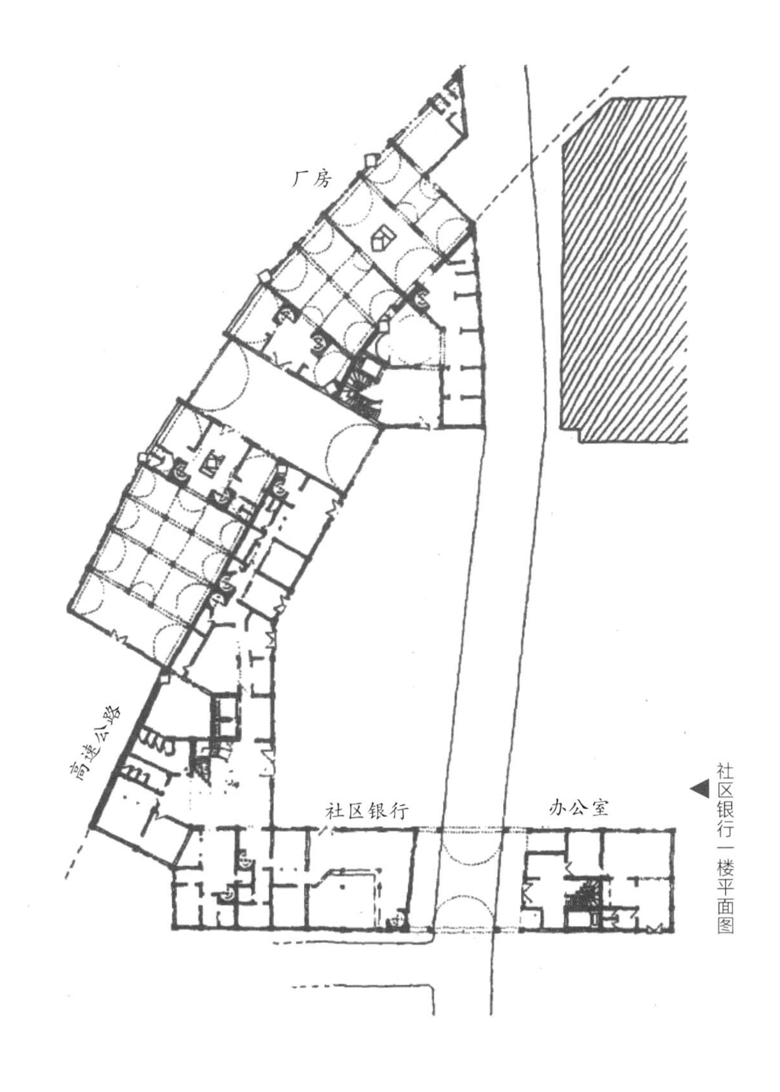

◀社区银行一楼平面图

下面四个项目是大型项目，它们继续添加到目前已经被确定的模型中去。

6：建筑群

7：公寓楼

8：公寓楼

9：停车库和公寓

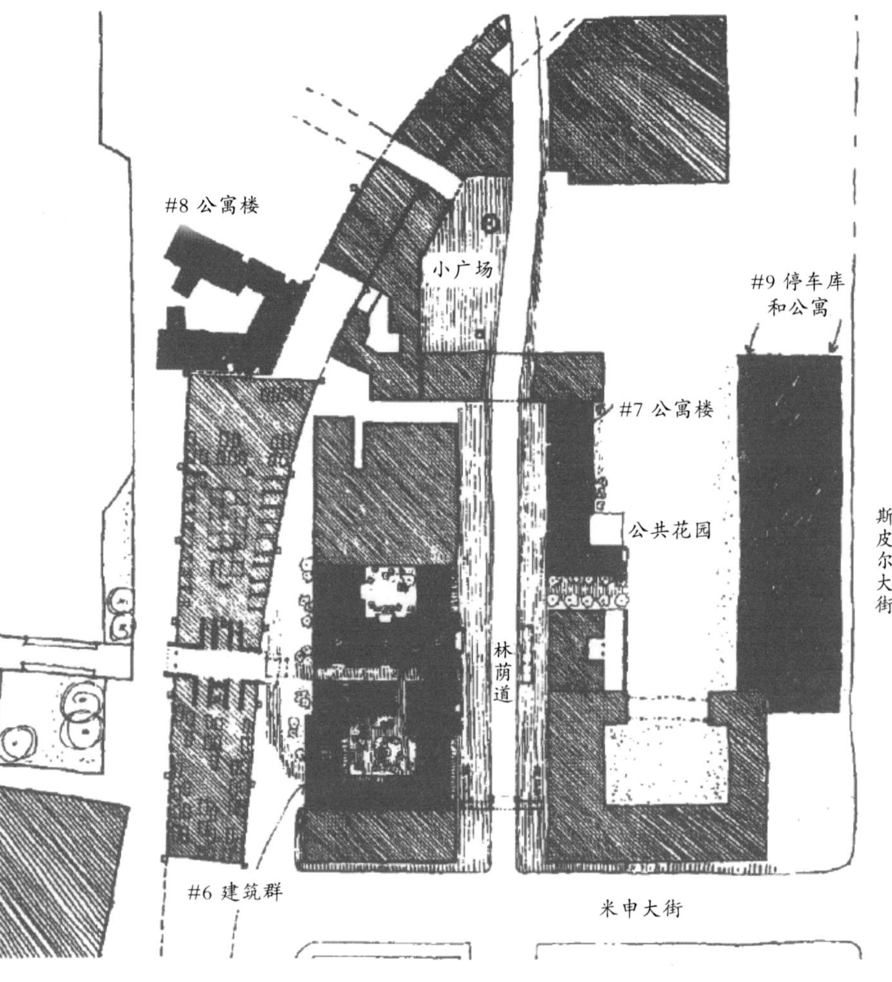

这些项目中的每一个都建成为大型的商业用房，同时配合已经开建的公共设施的位置。综合建筑和两座公寓楼共同构成了林荫大道，综合建筑还帮助形成了通往海边的道路。西侧的停车库和公寓楼有助于布置公共花园。根据法则 4 的要求，停车库必须满足目前已建成的建筑物所需要的停车量。

▲
综合建筑的门厅

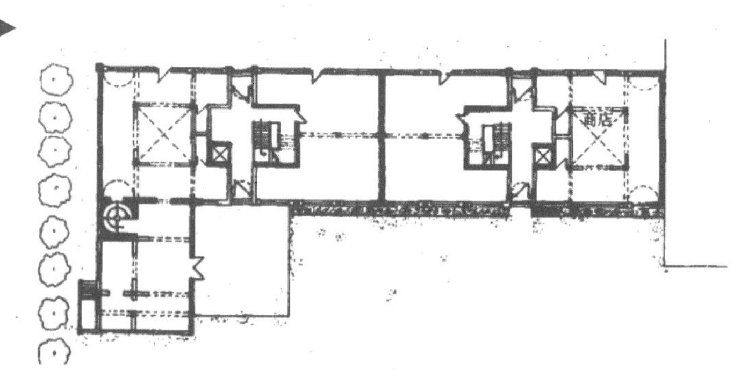

项目7公寓楼，东北侧立面图和一层平面图

10：篱笆和铺路

到目前为止，林荫道或街道已经有了一种明确的特征，它功能清楚，端点确定，边缘清晰。

为了使林萌道变为实体并给出最终形状，木村武（Takeshi Kimura）先生提出了体现林荫道特色的铺路和绿化的详细方案。这些细节项目由市政工程出资修建。他向我们展示了几条平行带的构想：铺路石、长条座椅、篱笆、砾石砌成的沟槽。这些平行带将把人行道和行车道包围到一起，同时又作出分隔。在某处，甚至有个“休息室”，它是一个在座椅和篱笆之间建成的小型亭子结构，人可以坐在树荫处等候汽车。

这是一个非常宁静的街道。

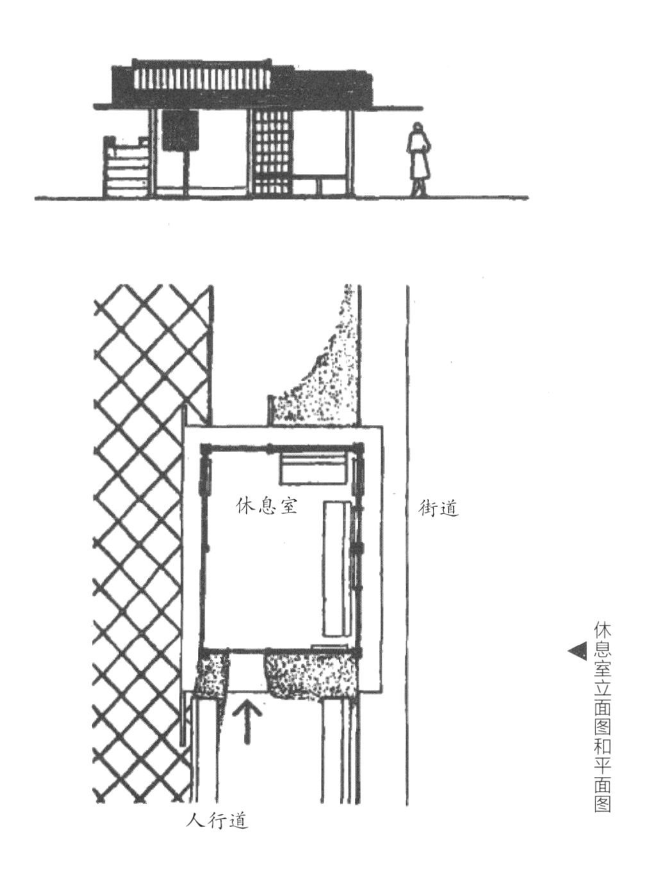

休息室立面图和平面图

11：喷泉和凉亭

不久，S. 达米（Shohreh Daemi）女士向我们提出了她对广场喷泉的构想。她的方案包括一个小的凉亭，这样就使广场有两个稍小的中心而不只是一个，从而平衡了复杂的形状。

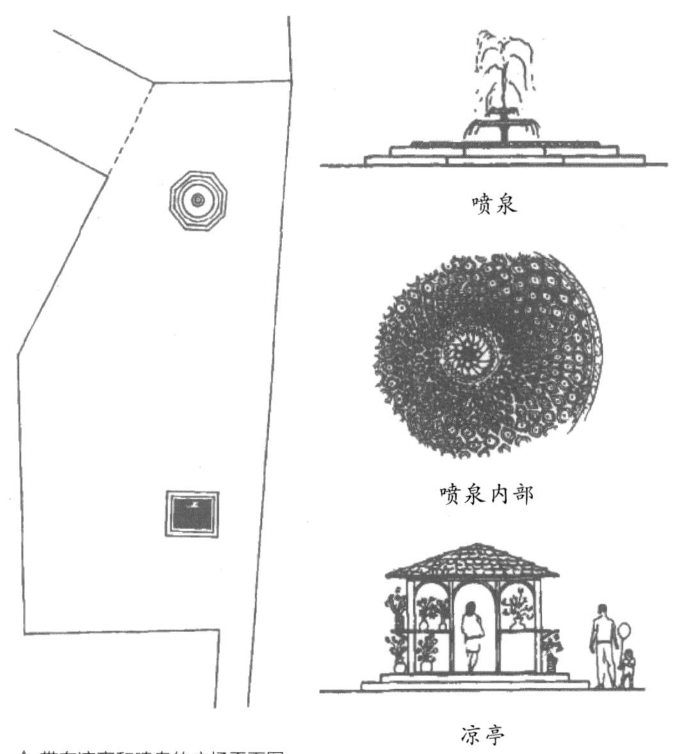

▲ 带有凉亭和喷泉的广场平面图

12：教育中心

这是广场西南侧的最后一个项目。

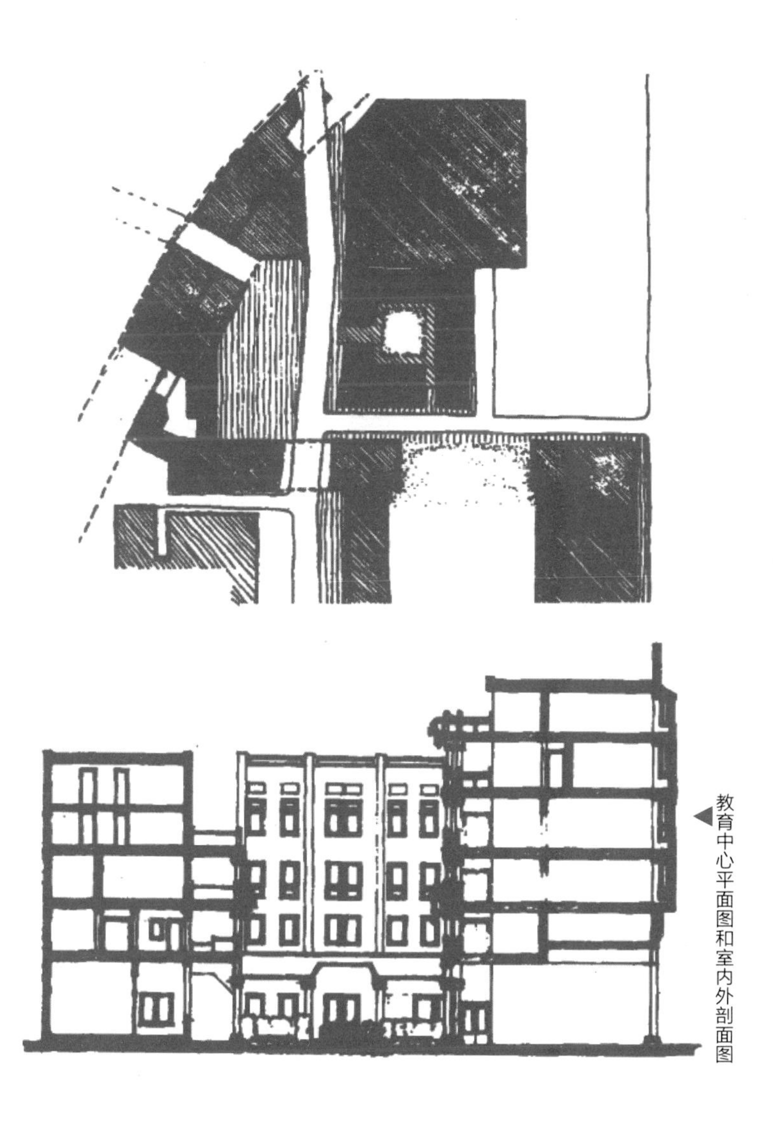

◀教育中心平面图和室内外剖面图

对现有整体的评论

到目前为止，整个项目的发展是渐进性的，与最后的整个中心没有任何明确的关系。

在这一阶段，有必要解释一下委员会在早期阶段所做的工作。项目一开始，委员会的成员和所有开发商就已对项目现场进行了实地考查。

不久后，我们商定项目的主中心大致是中间的一个大广场，与海相连。我们也确定这个中心应该面朝一定的方向，朝向港湾桥和南向阳面，在它稍偏左的方向可以看到港湾主要海域。

我们都认为这个位置和这条轴线是由场地自身创造的，它们可以强烈地被每个人感觉到。

开发迟早要向中部进行，在中部必然会产生一个相关的广场。从这个意义上说，到目前为止已开始的所有发展项目都是基于这种考虑进行的。我们或许可以说，目前所建造的林荫道、街道和花园都只是储备结构或周边结构，这些结构都是朝着形成最终一个较大中心的过渡，即使这个较大中心只是我们目前的一种构想，除了前面已经提到的两点——中心的位置和方向，还没有形成具体的形状。

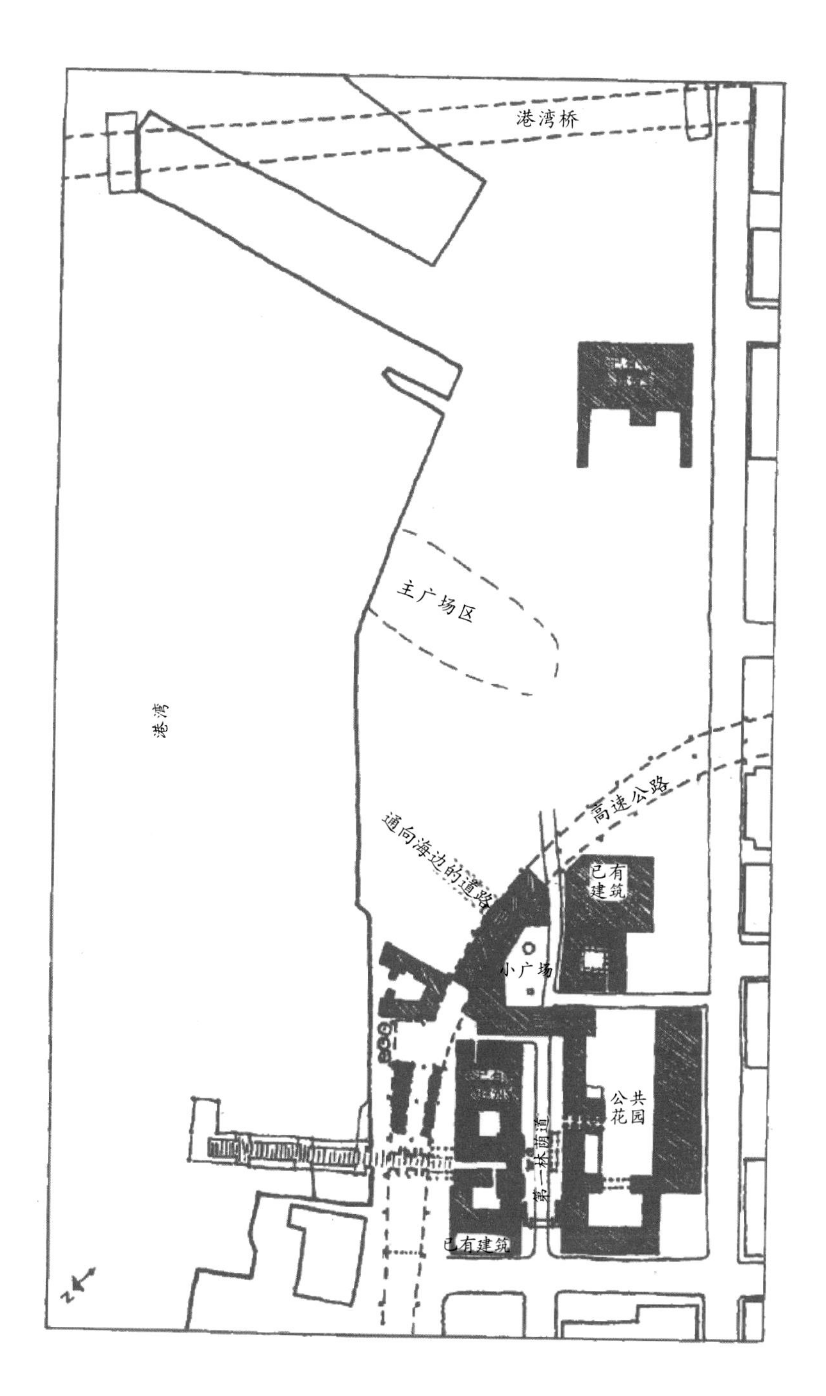
港湾桥
主广场区
港湾
高速公路
通向海边的道路
已有建筑
小广场
公共花园
第一林荫道
已有建筑

13：浴室

这一阶段发生了一个重要事件。

在早期实验期间，我们已经注意到在开发过程中，往往会创造一个新的整体，它不是与先前建筑之间连续地形成，而是跳入一个未开发的地区，在那里，做任何事情都是为了形成一个全新的中心。我们称这个过程为“蛙跃过程”。

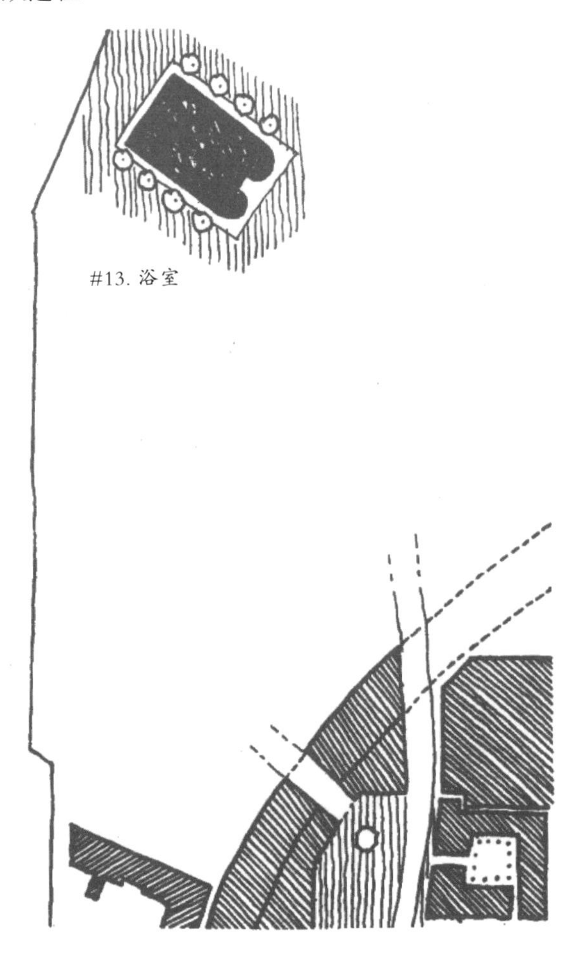

#13. 浴室

到目前为止，所有项目都是以小步骤进行的，每一步骤都与前一个步骤十分相似。现在，我们有了一个非同寻常的跳跃，一种蛙跳式的飞跃，进入了项目区域的正中央。

C. 施蒙克（Carsten Schmunk）来到我们这里，提议在海边建一个浴室。他描述了一种水晶宫式的构想，是一种钢－玻璃混合结构，毗邻大海。

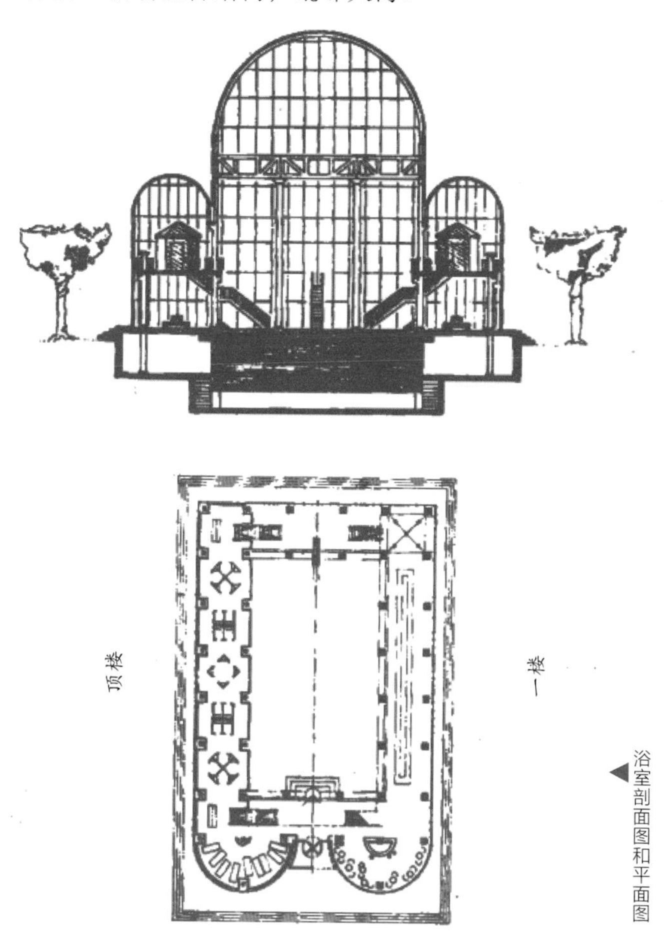

◀浴室剖面图和平面图

浴室
立面图/平面图
顶楼
帐篷屋：木、帆布
栏杆：木、铁
楼板：制砖模
一楼
大看台：混凝土，木
排水沟：铁
楼板：制砖模

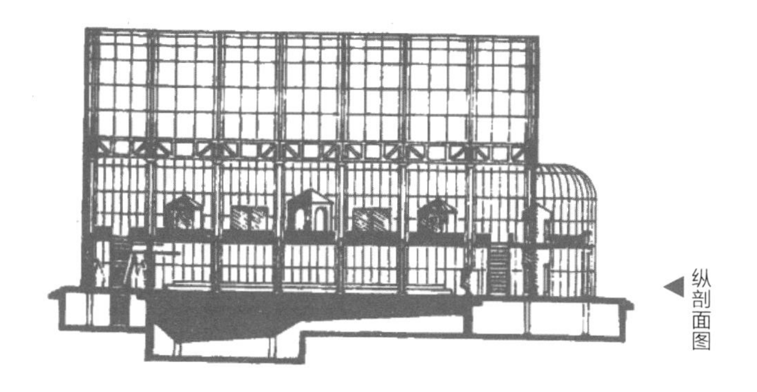

◀纵剖面图

这种构想与项目中心广场的设想没有直接联系。在实施过程中，它“在正在出现的社区中创造一个中心”。

但是，浴室的构想非常丰富，博得了众人的青睐，成了这个大型中央广场的焦点。在它建成后数年里，许多项目都效仿它，并围绕它形成了一个广场。

14：沿岸的树木

想像一下浴室建好后的现场。在一个真空地段的中央已创建了一个整体，现在需要采取一些措施将新建的整体与先前的发展项目相结合，使它们之间的空闲地段也连为一体。

首先，按照法则1的要求进行小规模的建设行为，只种树。金惠明（Hye Myoung Kim）提出了沿海边种树的构想。这些树沿着海岸线种成一排，使得浴室直接与已建好的市场和码头相连，令市场到浴室的整个岸边组成一个整体。

然而，在这个规划中，仍然有某种空隙，一种断缺的漏洞，这种空隙很容易在下面的图中看到。由林荫道开始的路从高速公路的弯道下面经过，但它通向何处?

岸边的树沿海岸布置，但在哪儿停止？高速公路和浴室之间的地区必须进行开发，但它的天然中心在哪里？

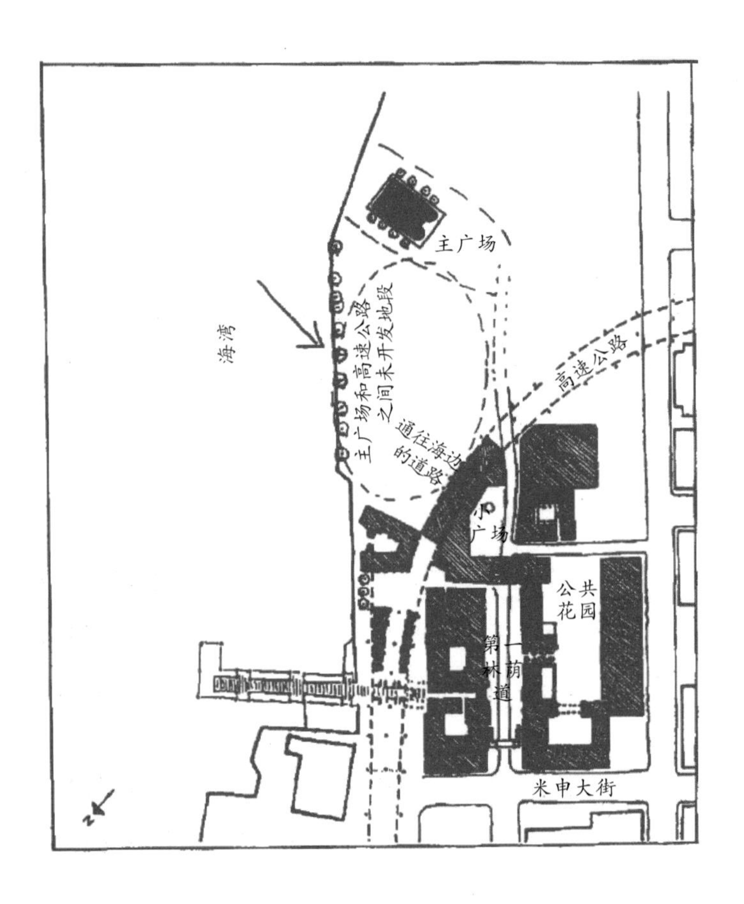

人们给出了各种提议来解决这些问题，但没有一个看起来是合理的或是能引发人们的兴趣。我们所听到的第一个能真正填补这个空隙的、有价值的提议是由 H. 奈斯（Hajo Neis）做出的，这是一个有分量的构想。

15：教堂

H. 奈斯提出在从林荫道通往海边道路与海岸的交叉点上建一座教堂。这个教堂坐落在海边，并有自己的修道院和神学院。

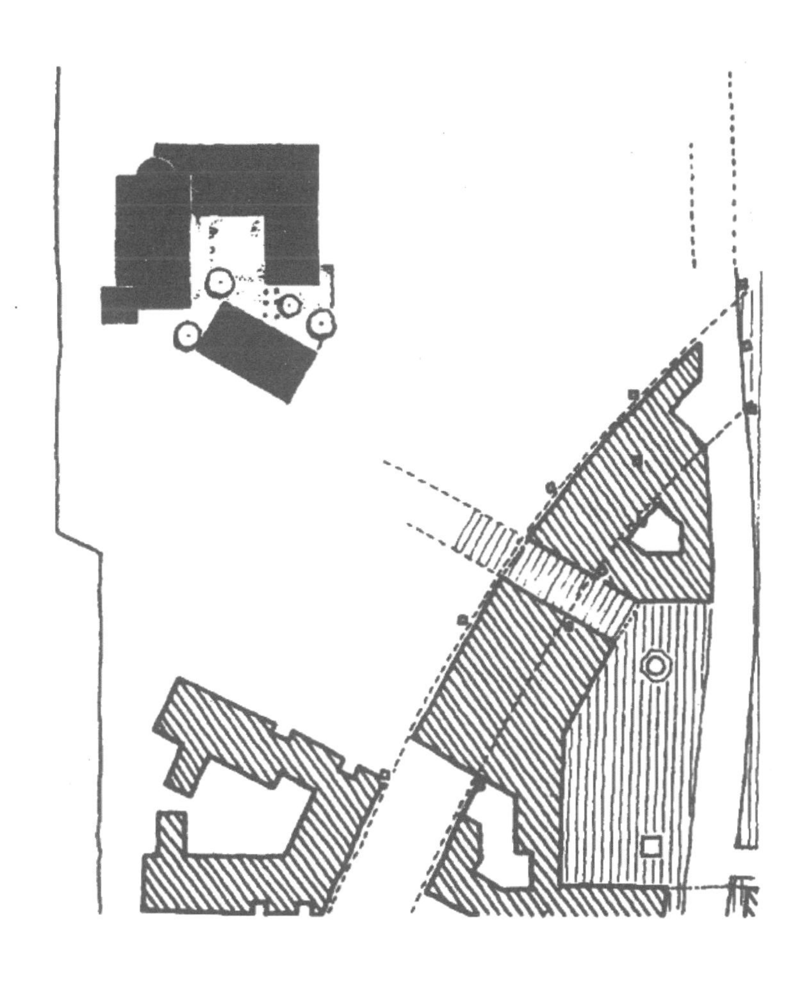

教堂正殿与海岸平行，在前拐角处有一个塔楼。

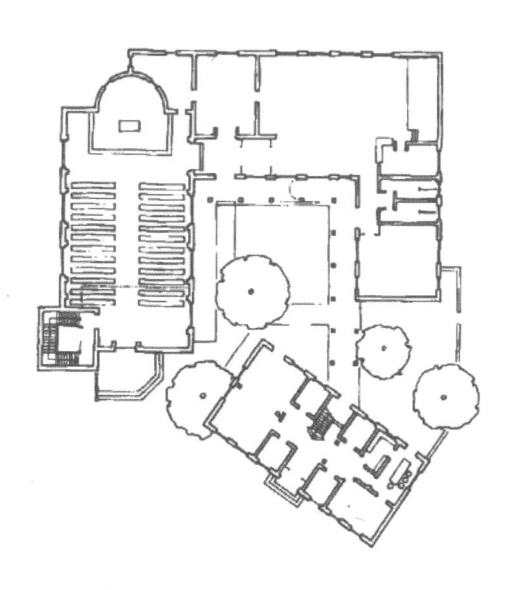

◀ 教堂的西北立面图和一层平面图

对形成较大整体性的评论

在这个阶段，浴室和先前开发的地段开始连贯起来。

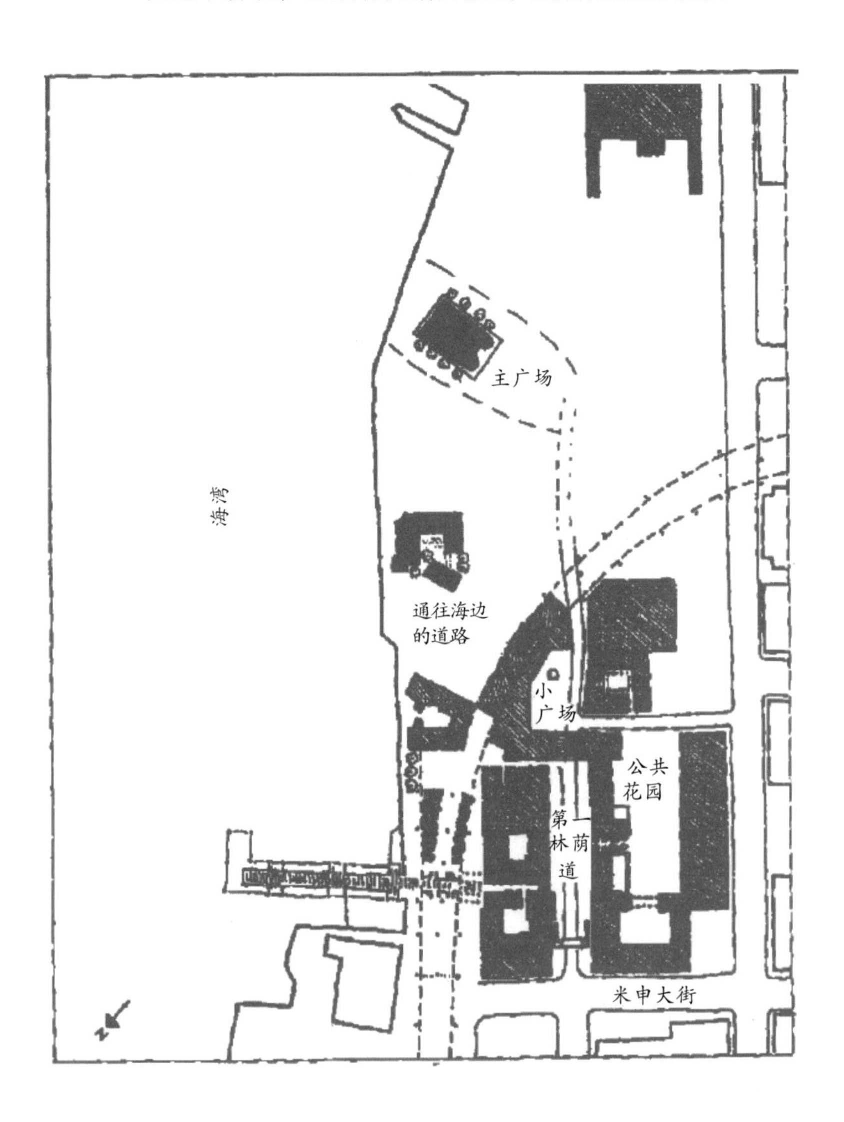

这个大问题解决了，人们得以从关注正在形成的整体特征和填充早期建筑细部结构的繁重任务中轻松一下。

因此，在这一阶段，两个很久以前就开始的项目建成了，从而完成了整个花园的建设。这个延期过程是典型的：在一开始的项目 2 中就提到过该花园。当时它是应咖啡厅的需要而建造的，后来它的形状则完全由东西两面的停车库和公寓所决定。

又过了很久，才终于完成了这个花园。

16：带有幼儿园的公私共有公寓

18：带有宝塔的花园

项目 16 的最初提议是由开发商吴万（Mahn Oh）先生提出来的，他提出修建一个公私共有公寓。这个公寓将南侧的花园封闭，在一楼设有幼儿园，以便孩子们能够直接进入花园。

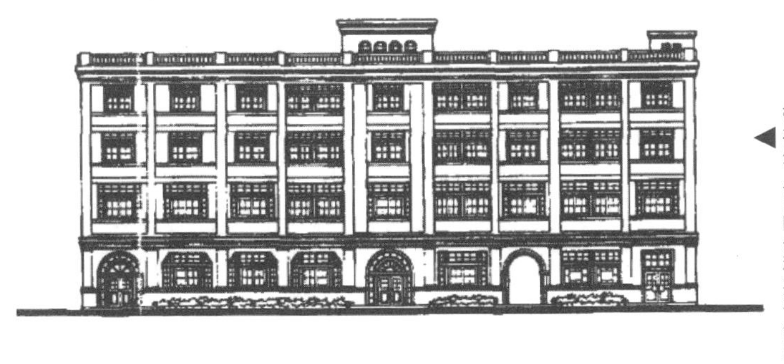

◀带有幼儿园的公私共有公寓

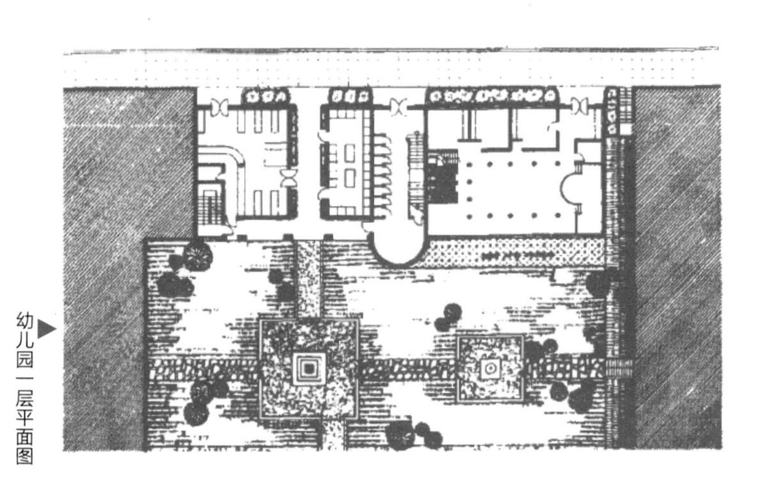

幼儿园一层平面图

第二阶段的主要在构想也是由吴万提出的。吴先生出生在韩国，想建造一个具有浓厚韩国特色的花园。他提出由自己出资修建这个花园，作为送给这个城市的礼物。

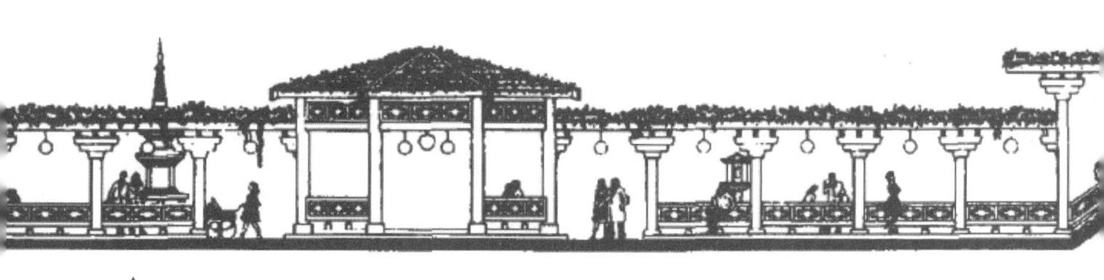

花园中的花架人行道

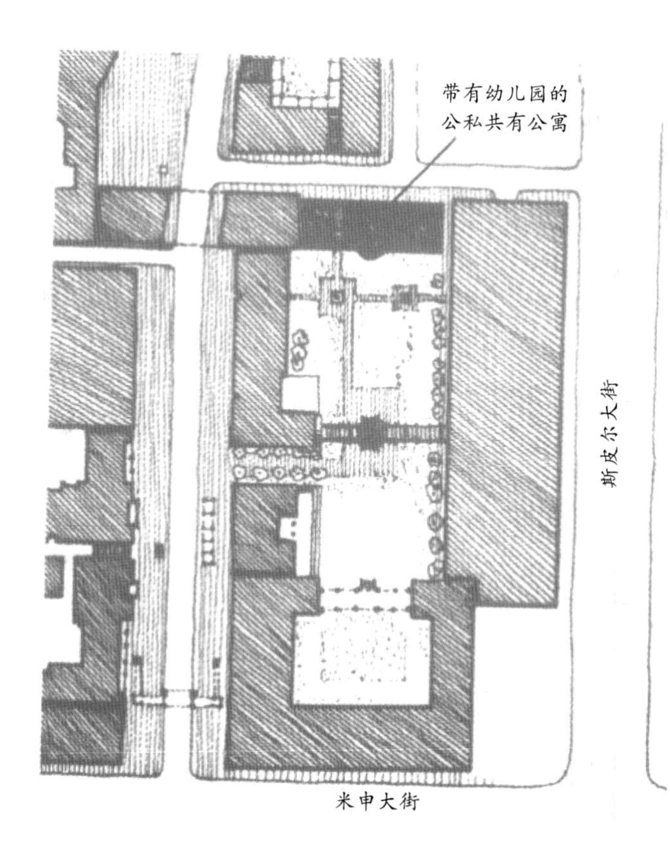

花园将有一条由花架组成的走道，走道在与林荫道相连的地方穿过花园；还有一个宝塔设置在幼儿园外。

评　论

这一阶段有一些小型的修复项目。下面 6 个项目都只是为了辅助已有的结构，进行拓展和填充。

19：住宅楼和面包房

20：联排式住宅

21：路灯

22：办公楼

24：停车库

25：汽车修理店

这些项目中最大的要算高速公路附近的住宅楼和面包房。联排式住宅有助于在穿过高速公路的大门和教堂之间创造一个在早期就已经考虑过的连接。路灯有助于与先前种植的树木共同形成海滨大道。办公楼填补了早期未开发的空白角落。停车库填充了法则 4.5 论述的在高速公路下面的那种蹩脚尴尬的角落。汽车修理店则填充了高速公路下面的一个异形的小角落。

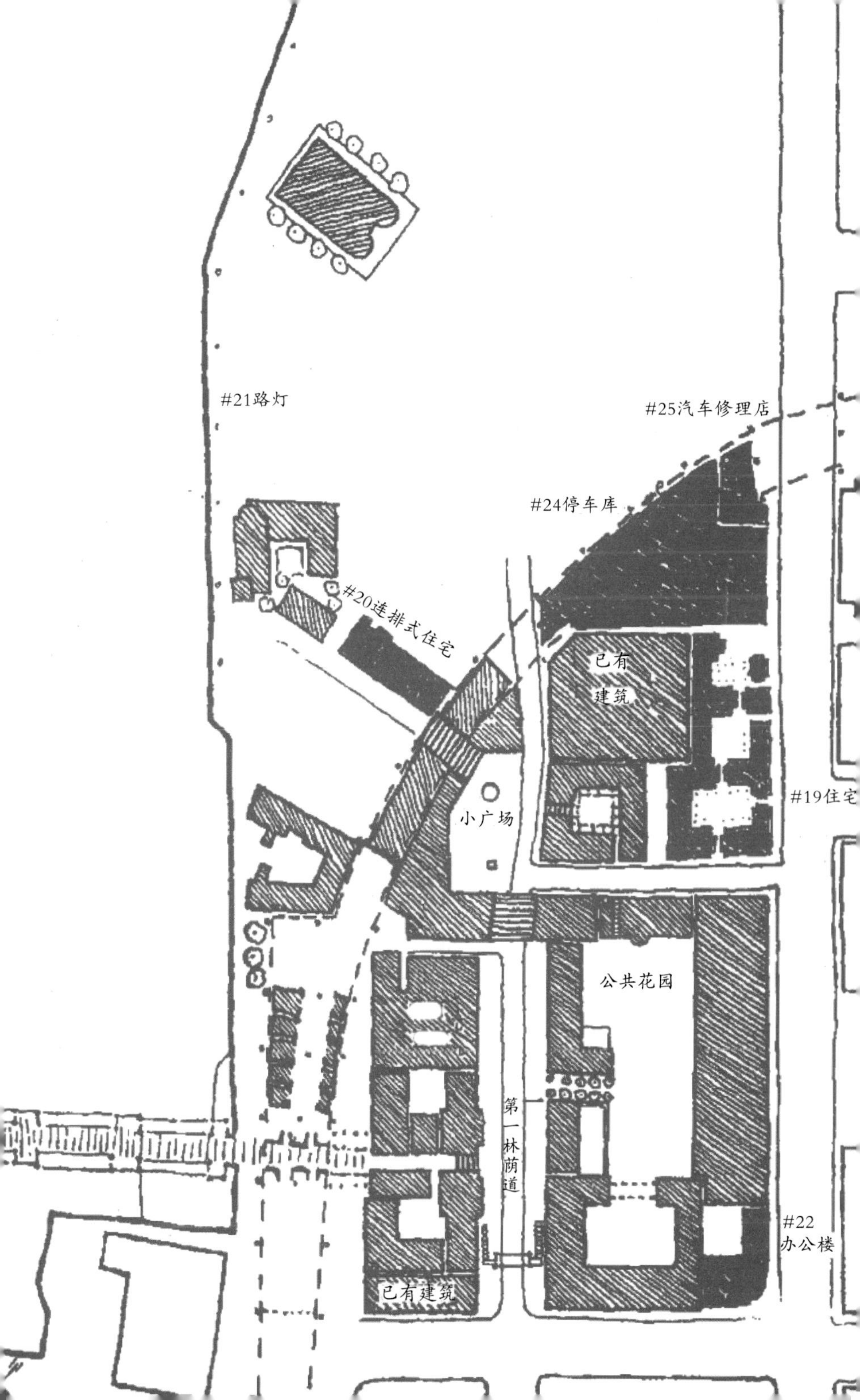

#21路灯
#25汽车修理店
#24停车库
#20连排式住宅
已有
建筑
小广场
#19住宅
公共花园
第一林荫道
#22
办公楼
已有建筑

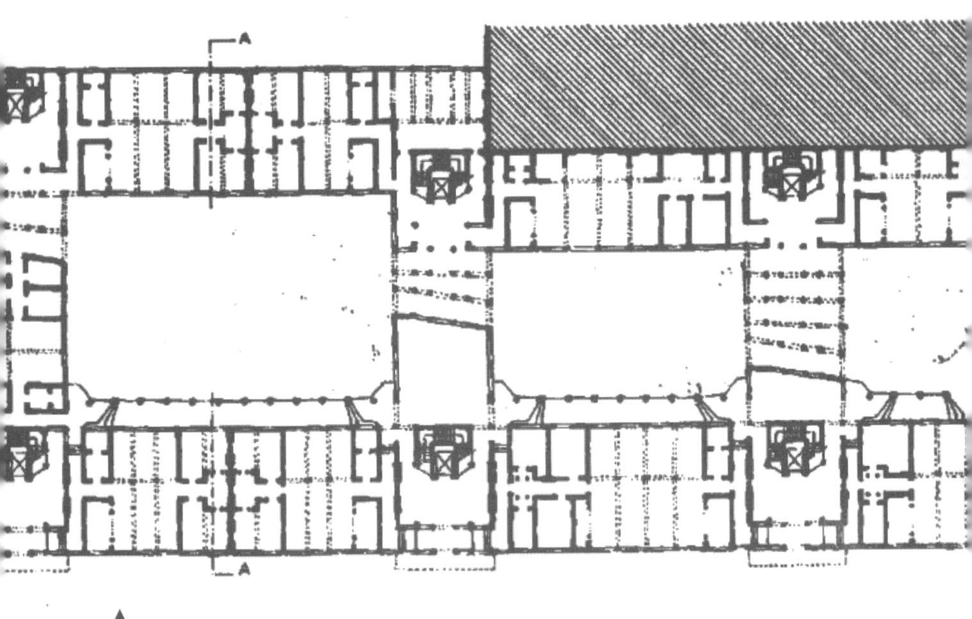

▲
住宅楼和面包房

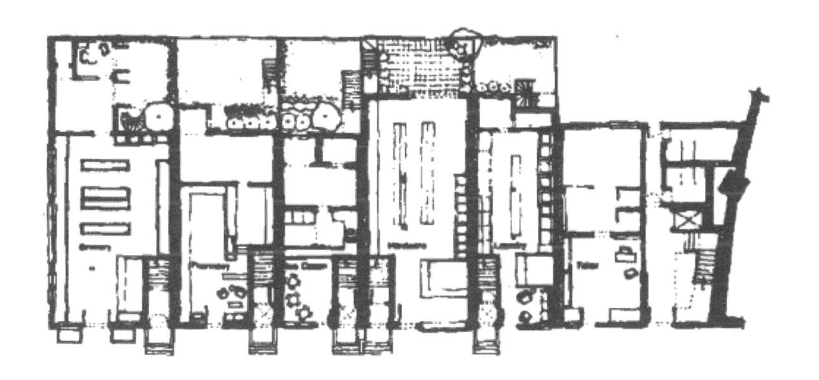

▲
连排式住宅正立面图和平面图

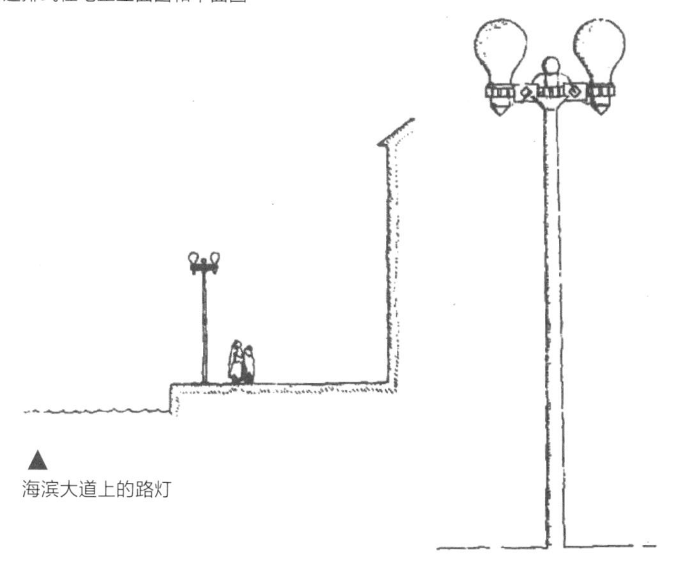

▲
海滨大道上的路灯

▲
停车库

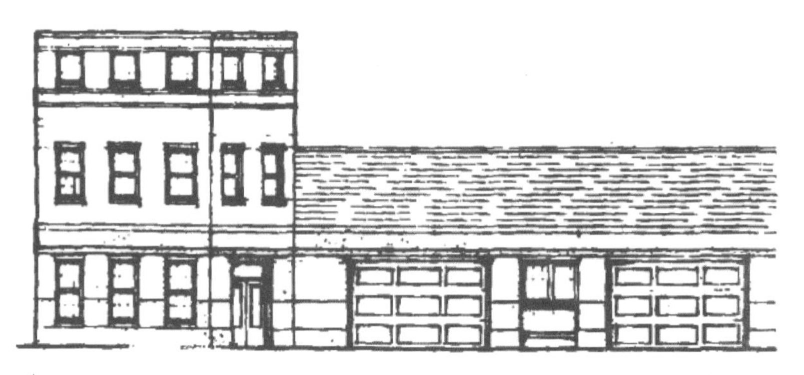

▲
汽车修理店

评论：街道网络

这个阶段本身就存在着一种危险。从高速公路到教堂的道路和有助于形成这条道路的联排式住宅在早期发展阶段有相同的物理和几何特征：有点零乱、松散，并且容易分离。

然而，那些在花园和林荫道周围，且在第一阶段开发的小区域内令人赏心悦目的项目，如果放在下一阶段打算开发的更大区域内继续发展，可能就一点也不会令人愉快了。高速公路的弯道表现出一种很难控制的不规则性，如果在早期不重视，就会面临风险，形成随机的、令人不适的、不连贯的空间，并且无法改善。

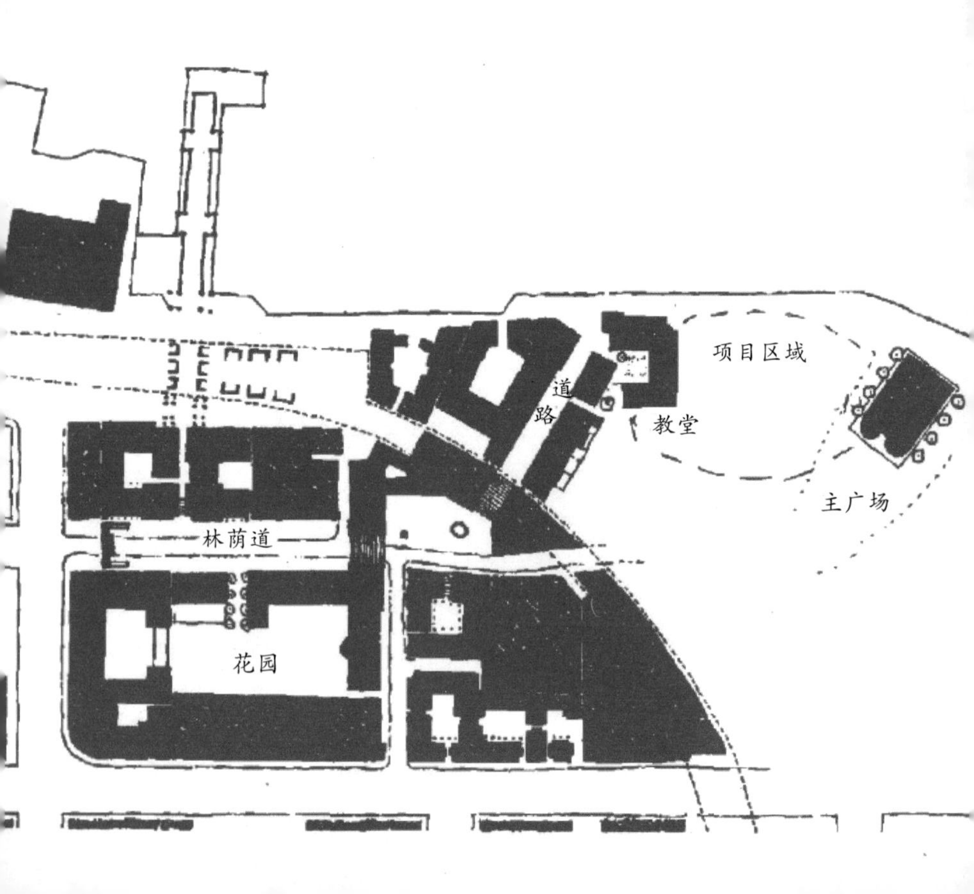

为了避免这种情况，委员会的成员提议：在高速公路、海滨、主广场所围成的区域内设置小街道网络，一直通向海边。

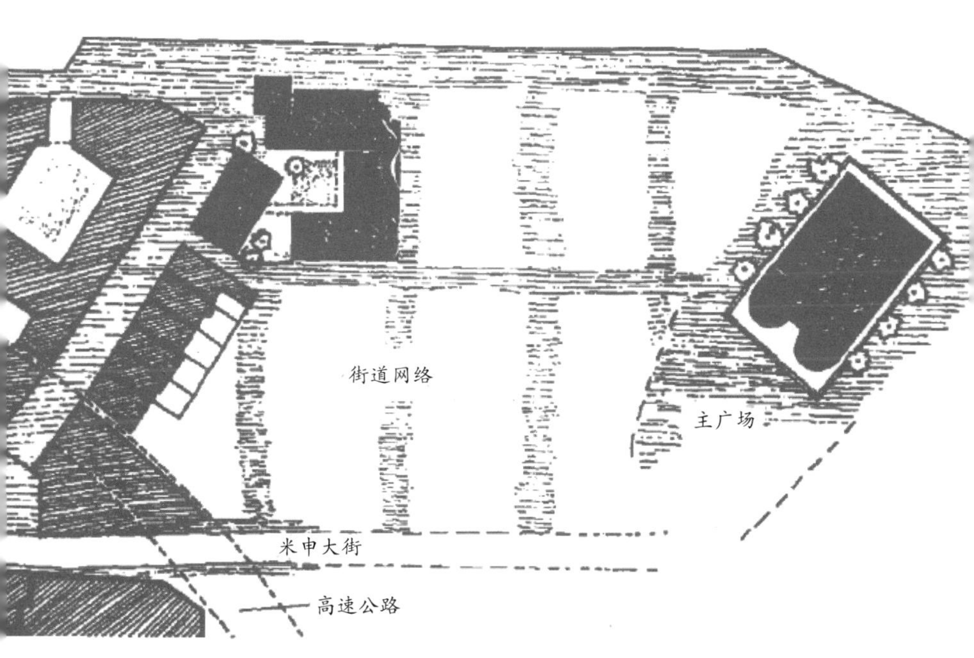

这一提议在初期受到某些人的反对。有些业内人士感到它违背了这个项目的精神，因为它非常像人为强加的规划。

后来经过论证，人们明白这个方案与传统的规划设计完全不同，它只是在非常小的地区内确保一个正在出现的中心结构，这一确保，有助于连贯地发展。

因此，由非常小的街道和建筑物组成的网络构成一个支撑浴室和未来主广场的中心，与海滨、海滨大道和将来要修建的行车道相一致。

这是一种小步行街的构想，将汽车街与海相连，使人们感到去海滨散步是最自然的选择。

下列项目开始标注街道网络。它们的形状简单明了，令人赏心悦目。两座建筑物固定了角点，沿着海岸的栏杆和长凳强化了海滨大道。

23：饭店

26：咖啡馆和公寓

27：栏杆和长凳

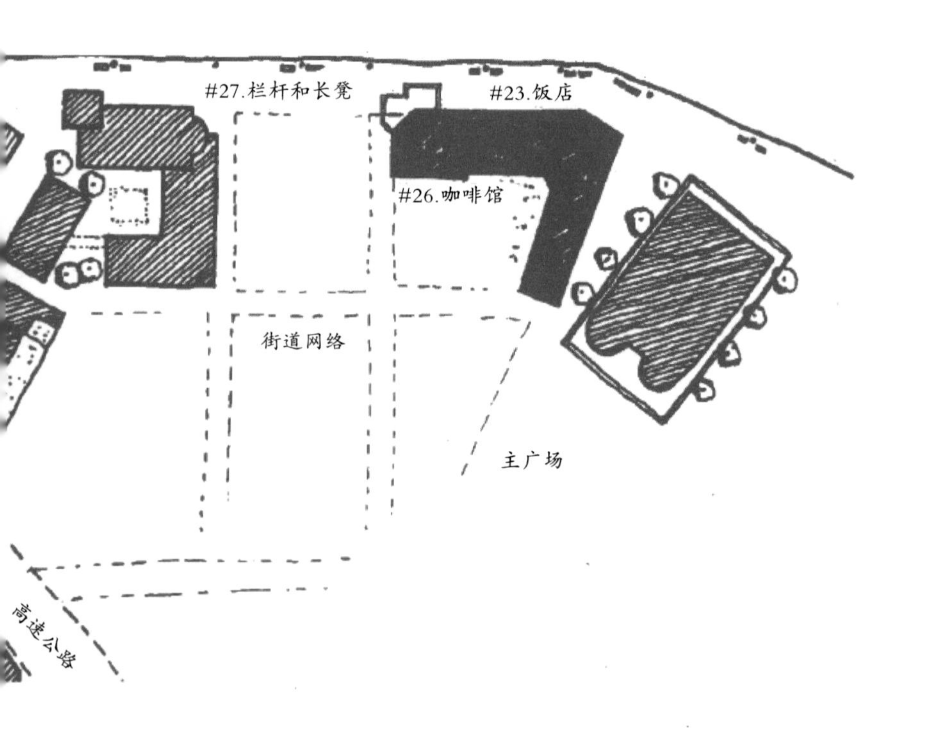

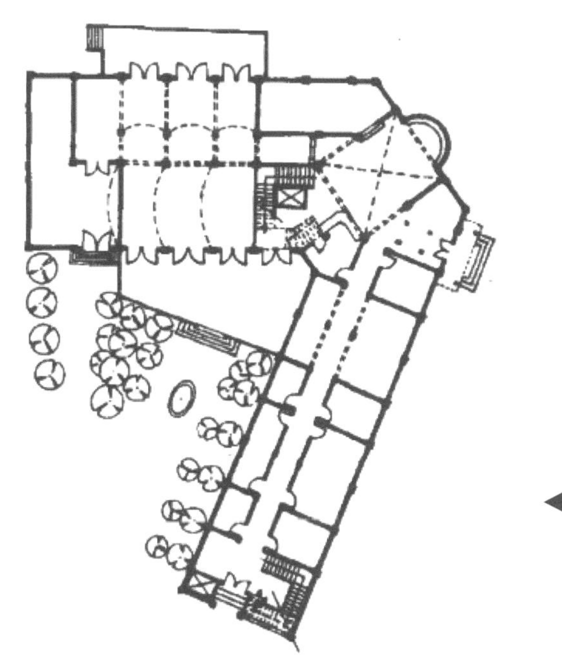

◀饭店正立面图和平面图

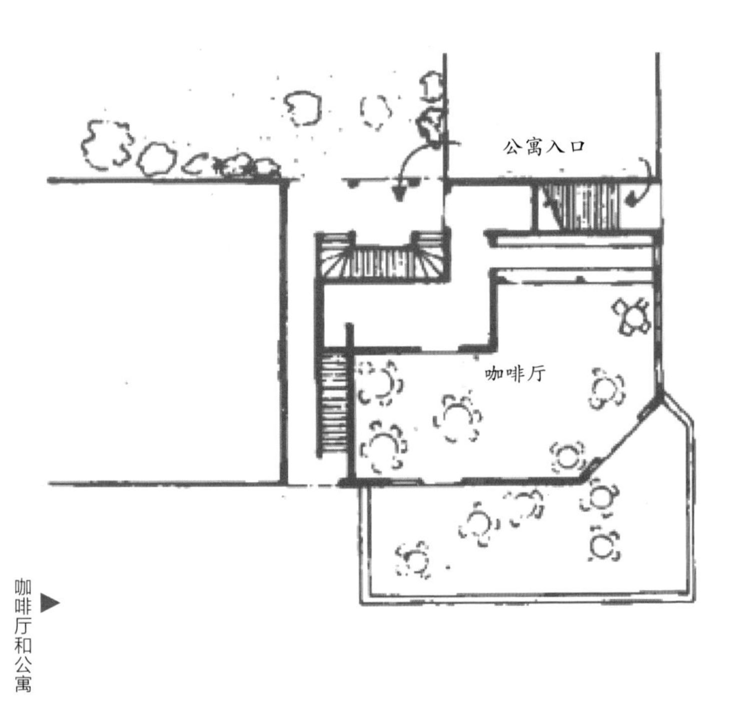

咖啡厅和公寓 ▶

▲
海边长椅的平面图

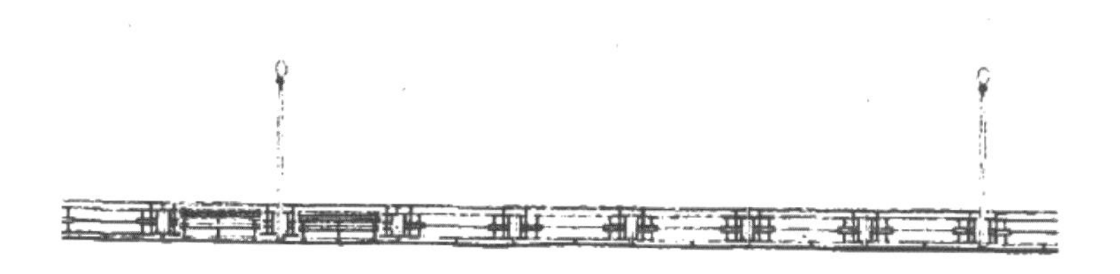

▲
栏杆和长椅正立面图

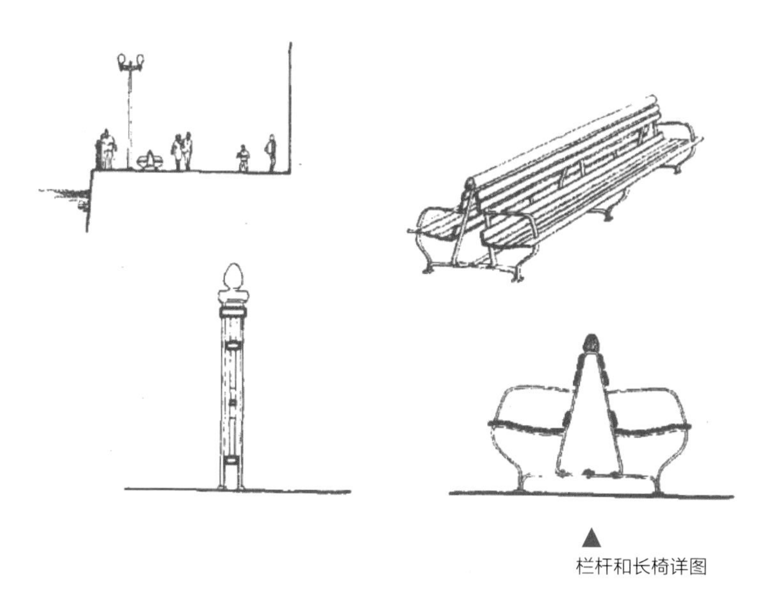

▲
栏杆和长椅详图

评　论

最重要的是，街道网络形成了一种特征，一种个性，不再仅仅是抽象意义上的网络。

28：艾丽斯公园（ALICE'S PARK）

29：公寓

首先，A. 宋（Alice Sung）提出了一个公共项目，在伸出水面的码头上修建一个小公园。这个小型的、对称的公园位于街道网络主阶的延长线上，它将伸向水边的主网络街区与次网络街区分开。前面有一些简洁典雅的小型设施，使人们能立即联想到某些非常明晰和别致的东西。

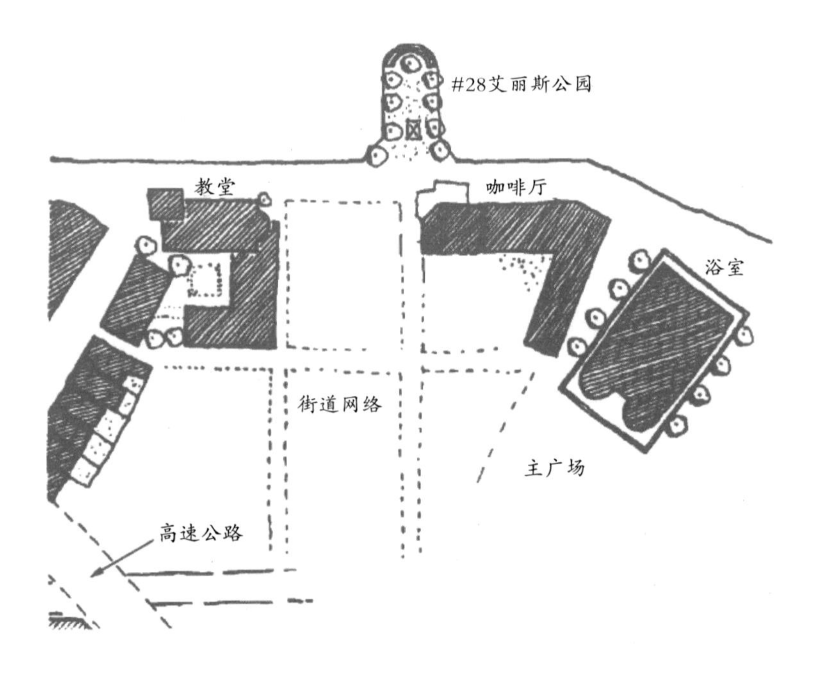

随后不久，宋女士又提出一个方案，沿同一条主街建造一栋小型公寓住宅。这个项目由私人出资开发。

这栋公寓住宅成为确定主网络街道真正方位的第一栋建筑，它的正立面尤其重要。宋之所以这样安排是为了保证这条街道成为网络街道中最宽的一条“主”街道。为此，她首先为小码头公园申请到公立基金，然后才把这栋私人住宅布置到这条街道上，从而保证了住宅的价值。

但与目前具有特征、骨架、个性和中心的街道网络相比，这栋公寓住宅只是个小建筑。

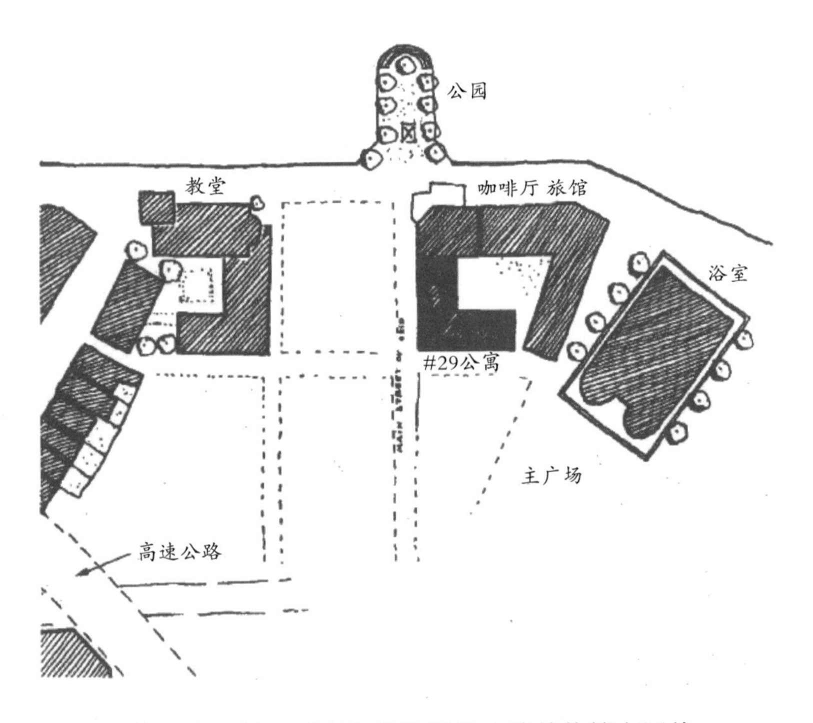

接下来，用一系列各种类型的小建筑物填充网络。

30：联排式房屋

31：公寓和酒吧

32：公寓住宅

33：办公楼和房屋

34：公寓和商店

这些项目是形成街道网络的第一批建筑。每一座建筑都试图用自己的方式按适当的规模形成街道网络的一部分，并给人一种美好的感觉。

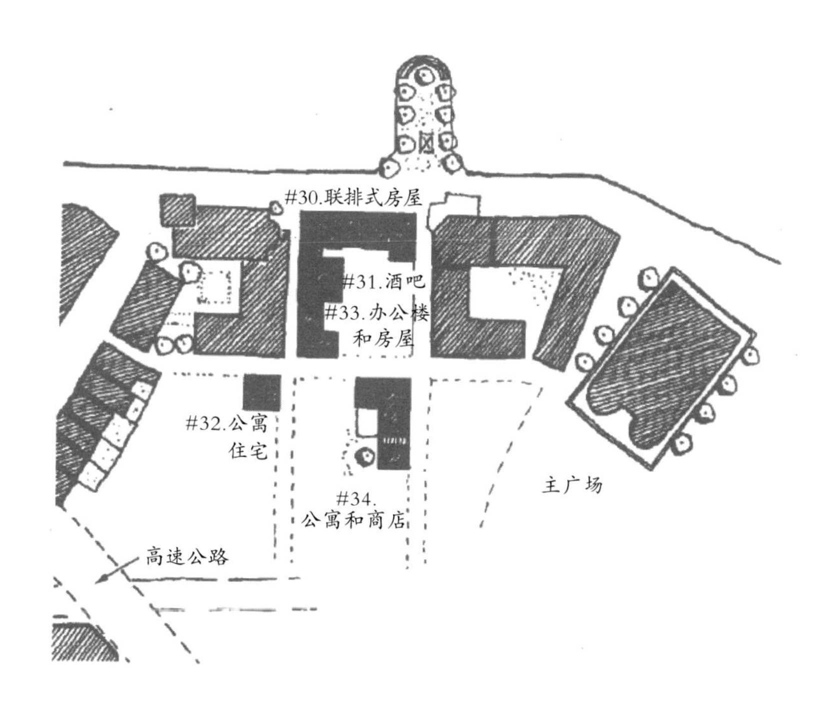

首先，金惠明沿海岸修建了联排式住宅。

▲
二楼平面图

▲
岸边立面图

然后，C. 施蒙克建造了一栋楼上带有公寓的酒吧，开始形成网络的第二条街。

随后，木村武建造了另一栋非常小的公寓房。

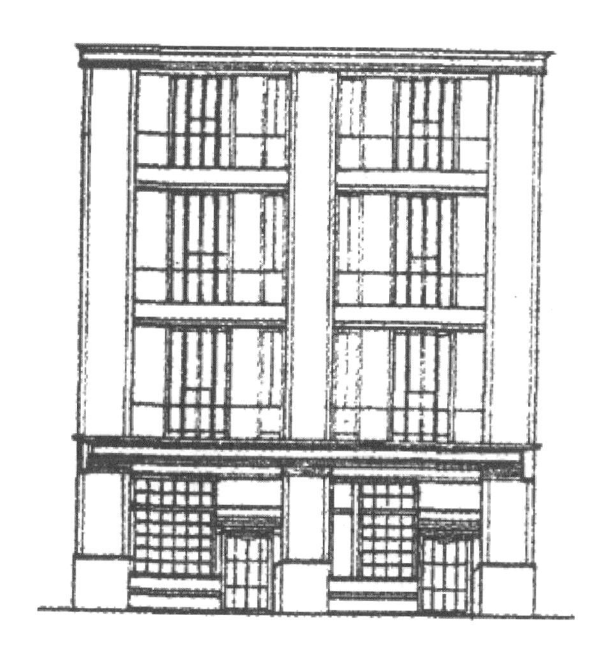

接着，J. 麦克莱恩建造了带住宅的办公楼。

在此之后，A. 安尼诺建造了一组公寓和商店。

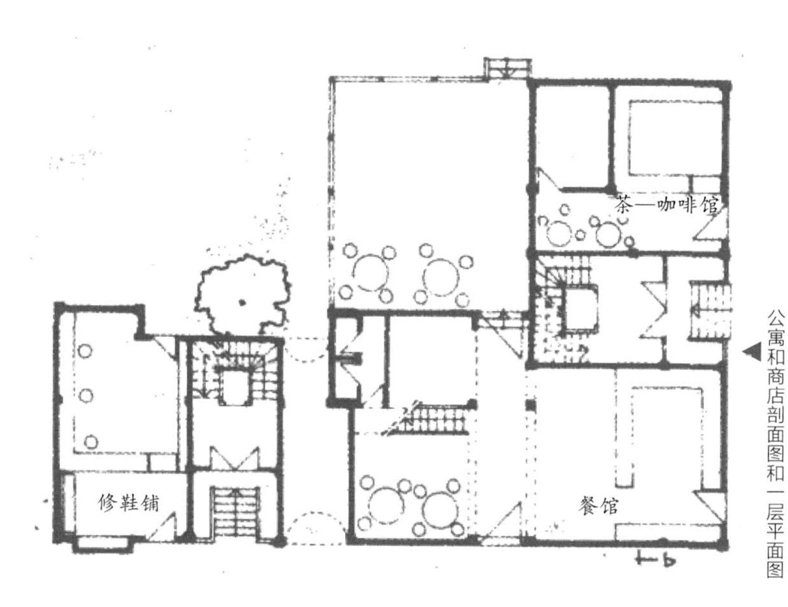

公寓和商店剖面图和一层平面图

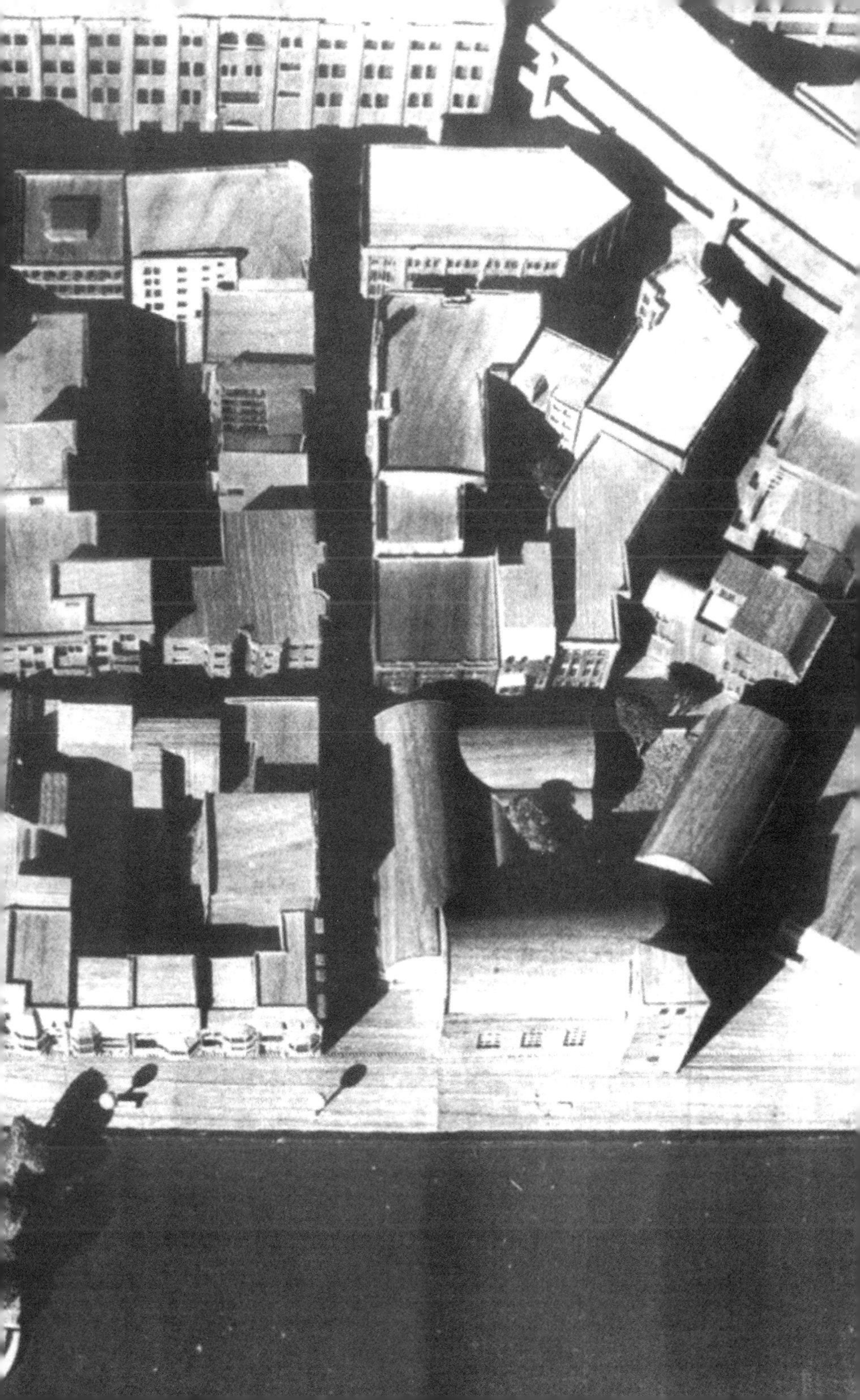

最后，H. 奈斯打破了这个顺序，在海滨增加了略有不同（虽然相关）的项目。

35：屋形船码头

这个码头试图围合街道网络旁的水域，以便形成连贯一致的感觉。

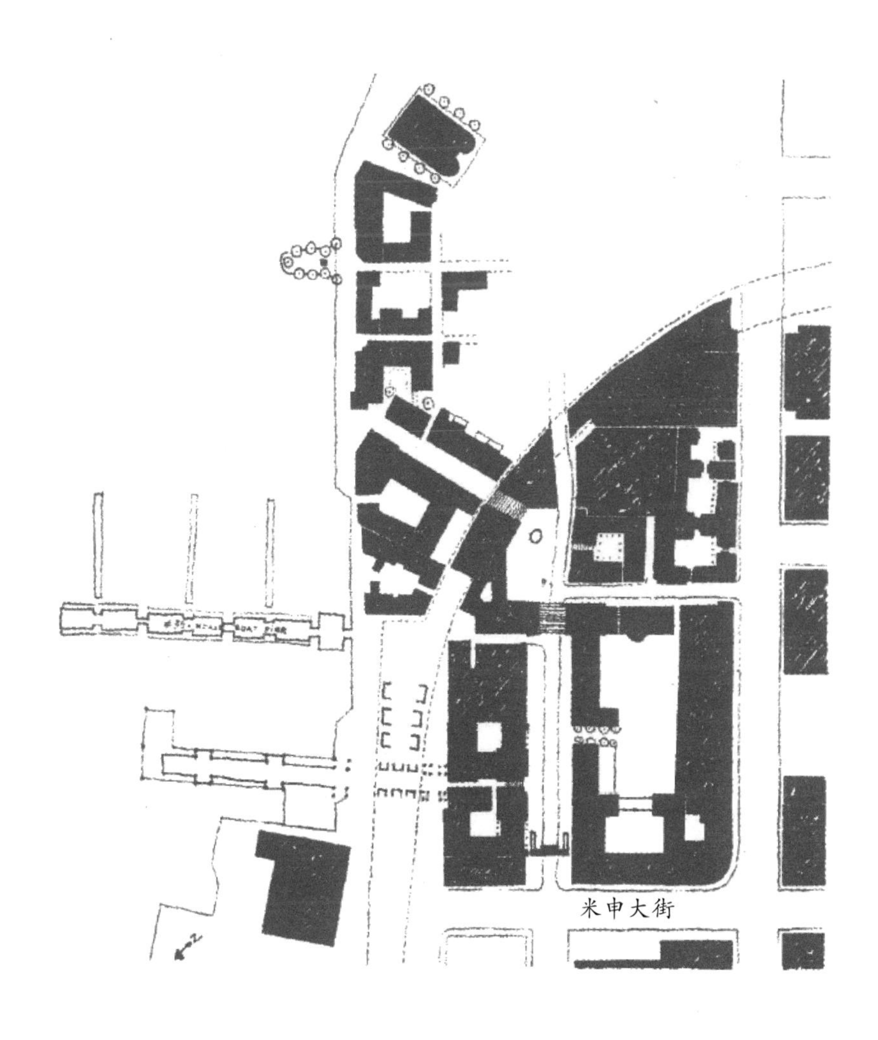

关于主广场的评论

正如我们先前解释的一样，全体参加者都在一定程度上知道在项目中期会形成一个大的中央广场。在浴室建好后，我们隐隐约约地明白，主广场与浴室处于同一位置,而浴室活像主广场口上的一个木塞,使之与海相连。

现在，随着街道网络的增长，特别是网络南端，已经足以勾勒出广场的轮廓。沿着浴室和网络边缘，我们已经看到了广场的粗略图形。

然而，广场的形状和大小仍然不确定。

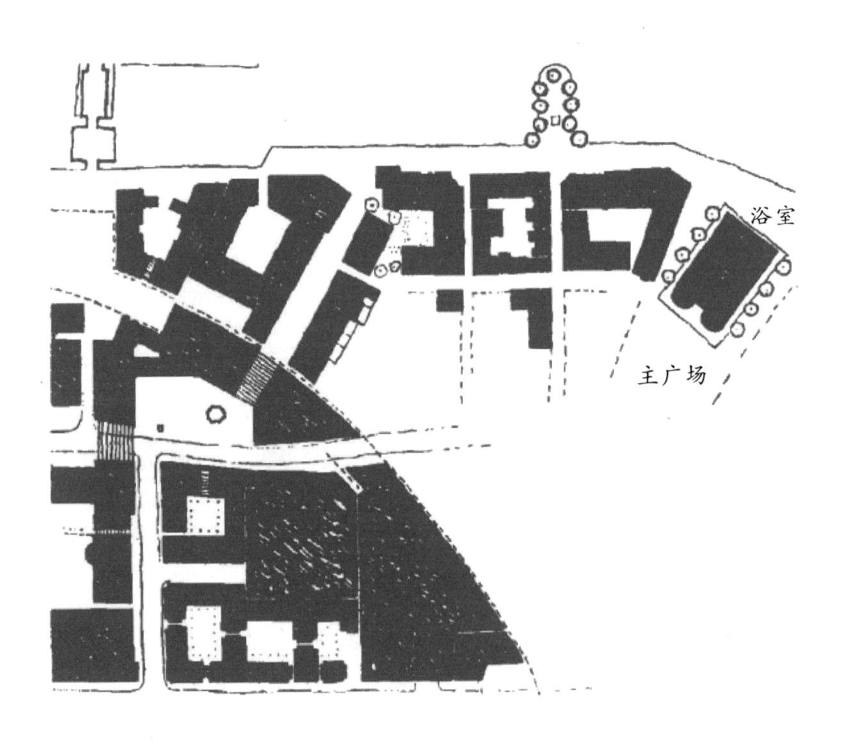

在这一阶段，需要把广场的大小和形状弄清楚。如果对于这个问题没有清醒的认识就进一步发展，可能会不自觉地造成损失和阻碍。

我们仍坚持认为广场的重要场地在远端，正对着浴室。无论在那里建造什么，都会确定广场的大小和它的细部形状。因此，在这个场地上的项目建设对于广场的确定和成功是至关重要和不可缺少的。

因此，现在是确认这个项目的时候了。已有的几个方案被我们一个个否决了。它们或者太复杂,或者太平淡，或者在功能上不适用，或者在创意上不够新颖，或者在形状上不够简洁，总之，这的确是个非常棘手的项目。

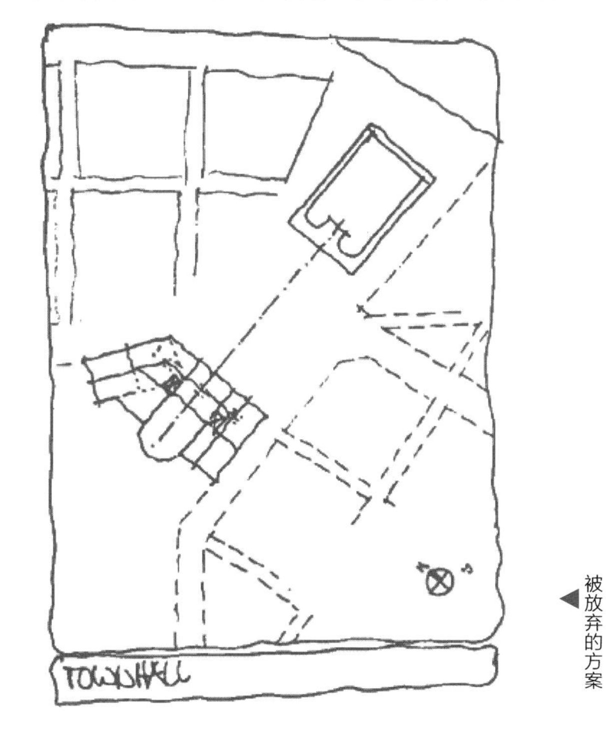

◀被放弃的方案

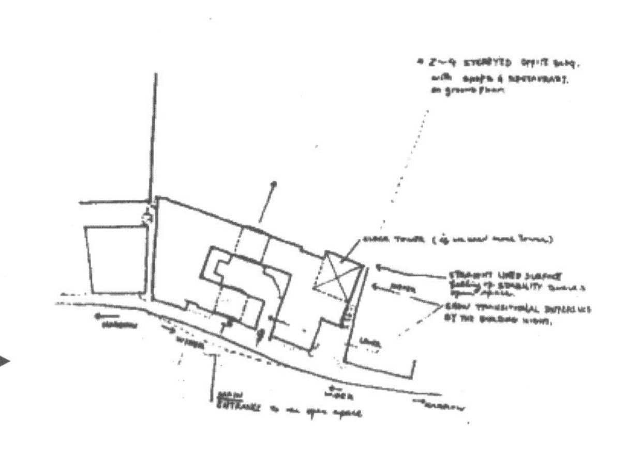

被放弃的方案

尽管这些方案的设计者感到有些沮丧，但他们还是欣然认同放弃的决定，并且认为还没有人找到一种使这个广场足够完美的方案。

最后，委员会选择了一个看起来非常不错的方案。它是由两个单体组成的。

36：剧院和报社大楼

A. 安尼诺提出了一个漂亮的庭院构想，一个由柱和拱环绕的小型空间，有几层楼高。这是个正式的庭院，形状相当雅致，设置在广场端部，开口直接通向主广场，并形成主广场的端点。

这个庭院将是剧院的入口、门厅和庭院。

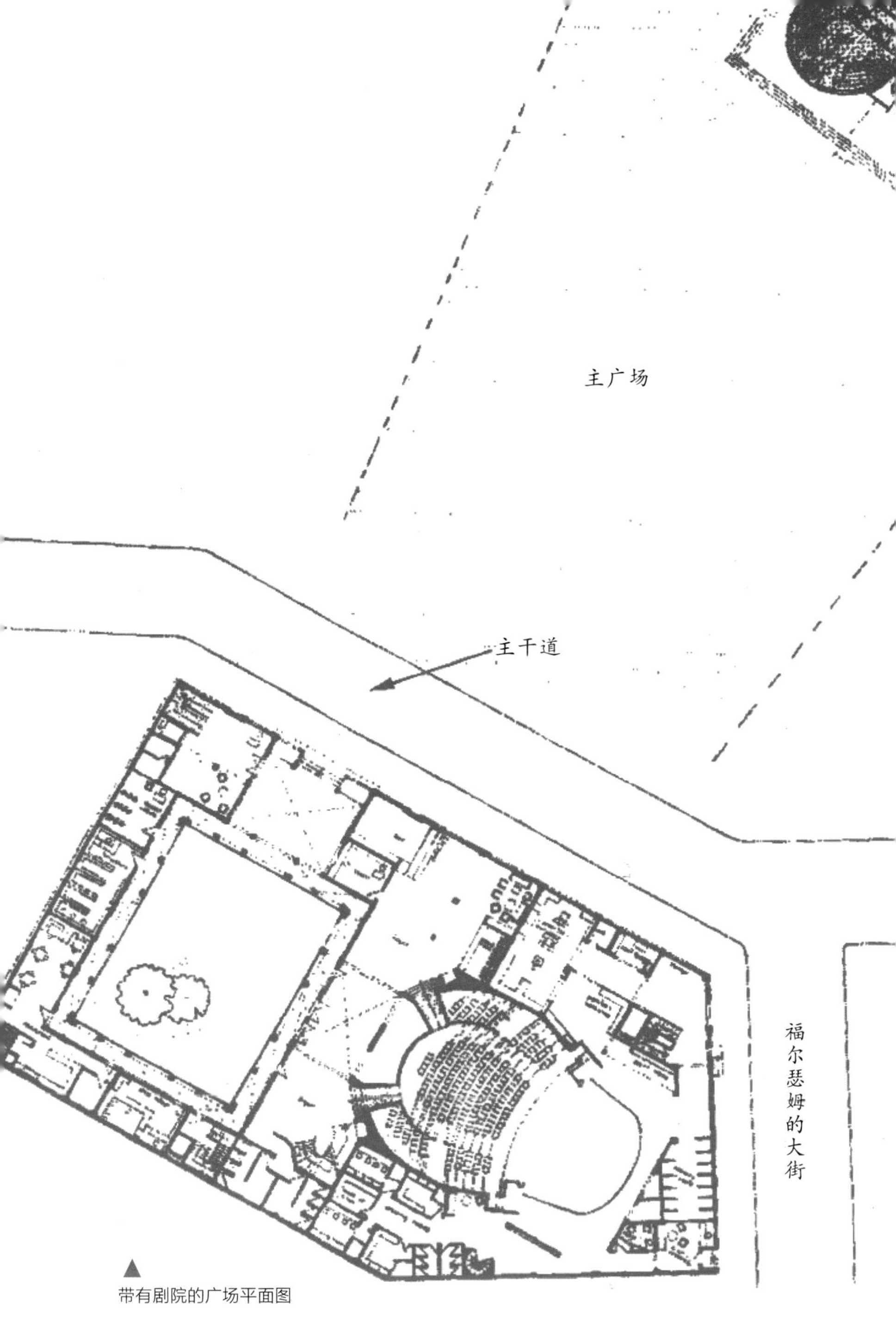

▲
带有剧院的广场平面图

随后，在实验中和剧院之前被否决的那些项目中，我们已经发现，单一的建筑不能恰当地形成端点，因为它围合成的广场形状欠佳。

A. 安尼诺随后向我们展示了另一栋建筑的构想。虽然比较平淡，但却具有中心感和公共性。这是一家报社的办公楼，占据广场一个角，与剧院之间相隔一条行车道。

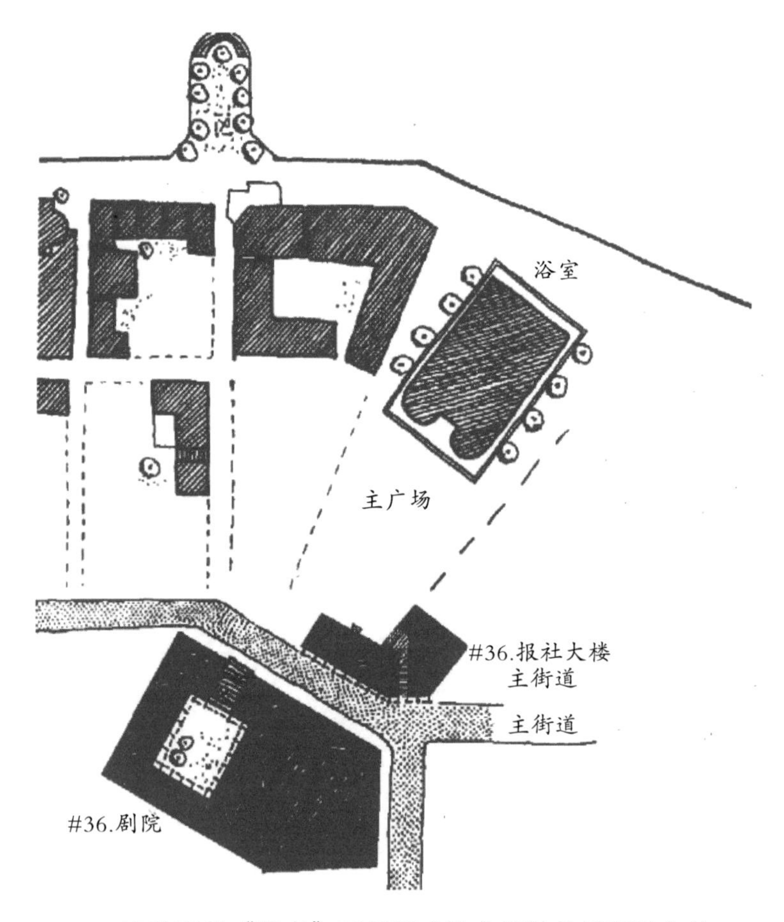

这种双重“端点”正是形成这个广场的最巧妙之处。

▲
报社大楼临街立面图

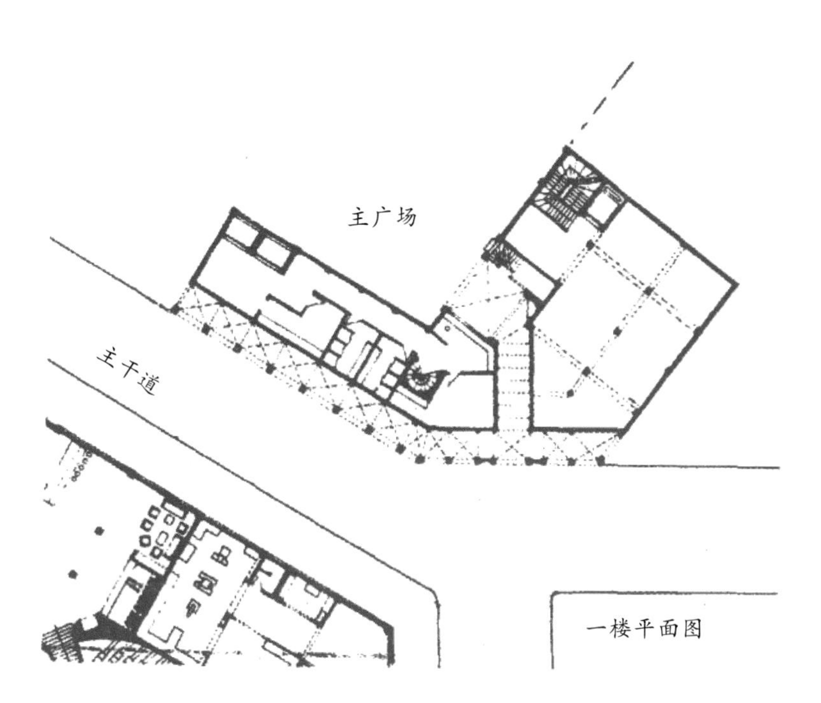

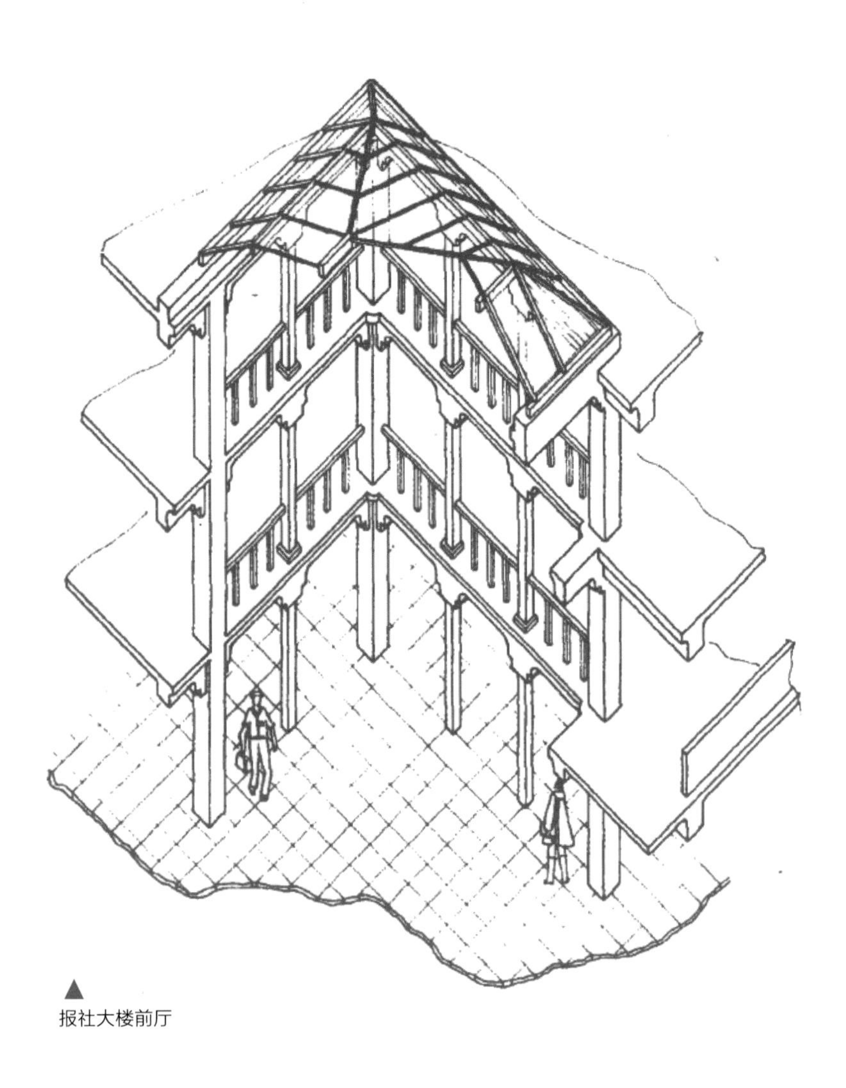

▲
报社大楼前厅

现在，因为明确定义了主广场的形状，也就可以在街道网络中那些有助于定义和完成广场形状的地方进一步增加建筑物。

37：集会大厅和公寓

41：邮局

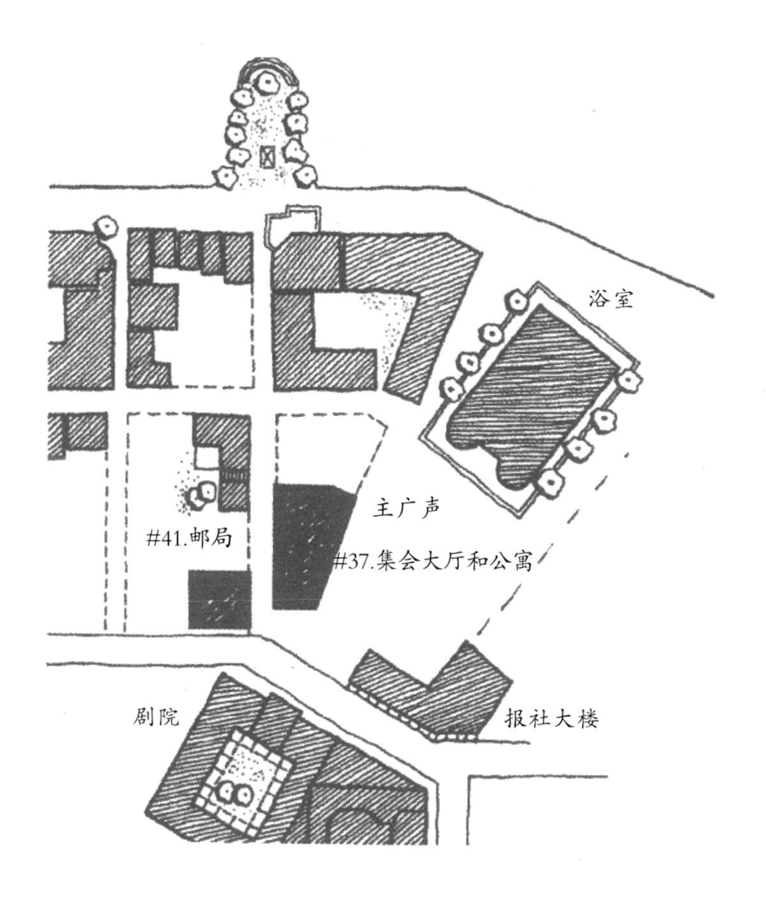

在广场的一个关键角落，入口大门附近咖啡厅的老板M.魏斯曼（Martine Weissmann）提出建造一座公寓楼。魏斯曼女士是一位具有社会主义思想的巴黎人（Parisienne），她还提出在一楼设一个由私人出资的集会大厅，鼓励社区民众在那里进行时事讨论。

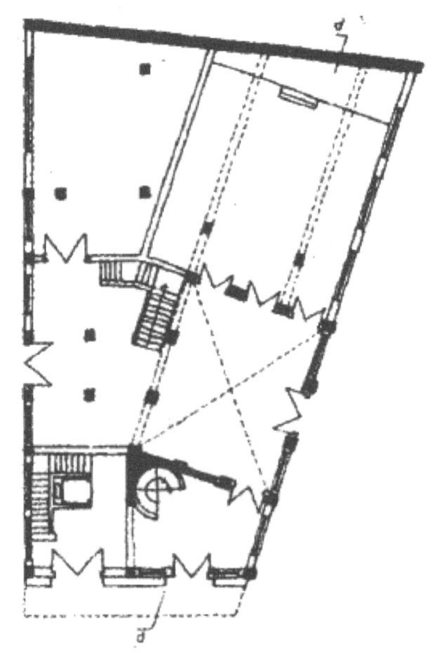

▶集会大厅正立面图和平面图

这栋建筑的位置特殊：既在街道网络中占有重要位置，又有利于确定主广场的外部轮廓，所以大楼本身不可避免地呈现非常奇特的外部形状。幸运的是，由于外部形状所产生的复杂的内部构造，使这座大楼极富魅力。

R. 卡瓦（Ramzi Kawar）提出建设一个小邮局，由私人出资，为周边办公区域服务。或许是由于它的简明主义风格，每个人都记得这座大楼，不断谈到它。它成了人们心目中真正的焦点。

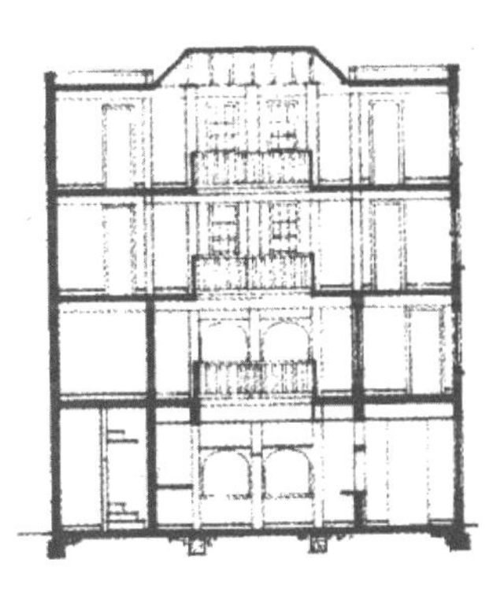

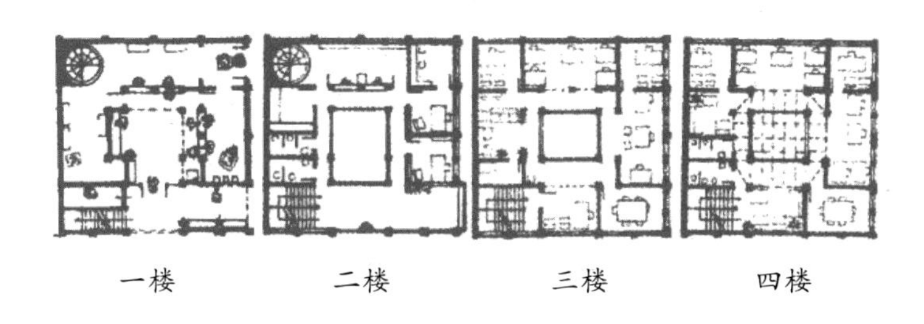

▲
邮局正立面图，剖面图和平面图

关于发展中的更大整体性的评论

在这一阶段，建设场地有多半已被开发。然而，在远端（南端）仍然有一个在整体结构的构思过程中没有深入考虑到的空白。

这个事实被看作一种经历，我们可以这样来描述：场地北半部分的整体性已经得到了很好的开发，并且具有一定的连贯性。但是，在南端有一个空白，缺乏整体感，缺乏具体的整体结构，在中心之间存在一种真空，这里需要建立某种新的焦点。

下一步方案就是要在南端创造这样一个中心。

43：船舶修理场

C. 施蒙克（Carsten Schmunk）向我们描述了这种专门用来运输而不是旅游的海滨地区所保留的有机特征。他的想法是将一个旧的现存码头改建成一个新的工业区域，仍与运输有关。他是这样来描述的：

28 号码头将专门用来为海洋工业服务。计划安装一套船只维修设备，不仅服务于商业货轮和渔船，而且服务于游船。这意味着提供有遮盖的工作场所，机器安装在泊位旁边，这里备有各种零件和材料。维修工作都是在一个高大明亮的大厅里进行的。

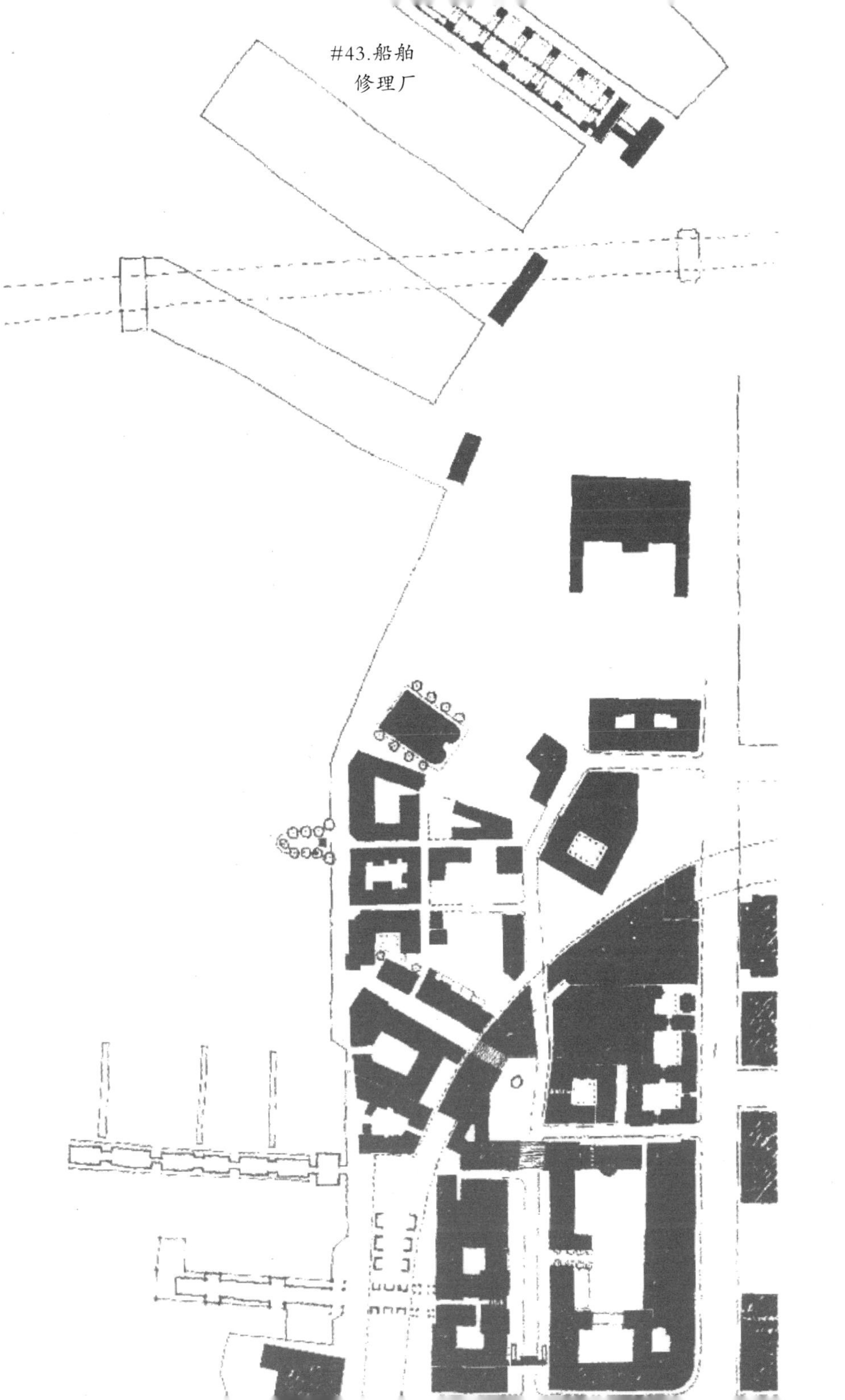
#43.船舶
修理厂

除此之外，将在码头端部建造一个能够将船只吊起50ft高的轨道式滑轮的工作车间。码头的另一端是管理办公室。整个规划非常简单，如同一个普通的码头货栈。

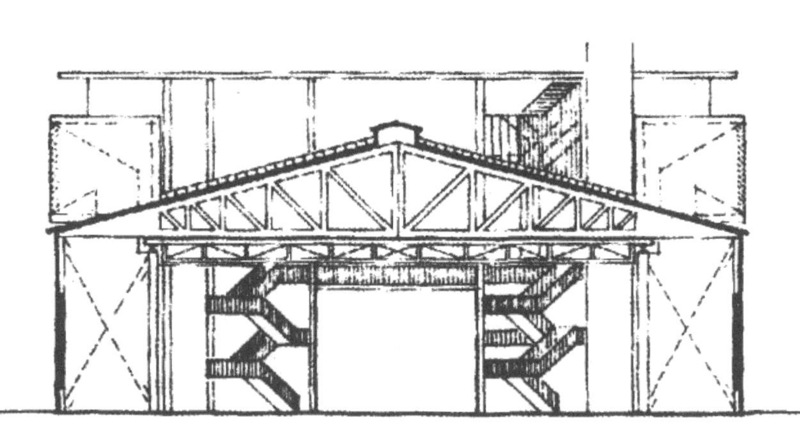

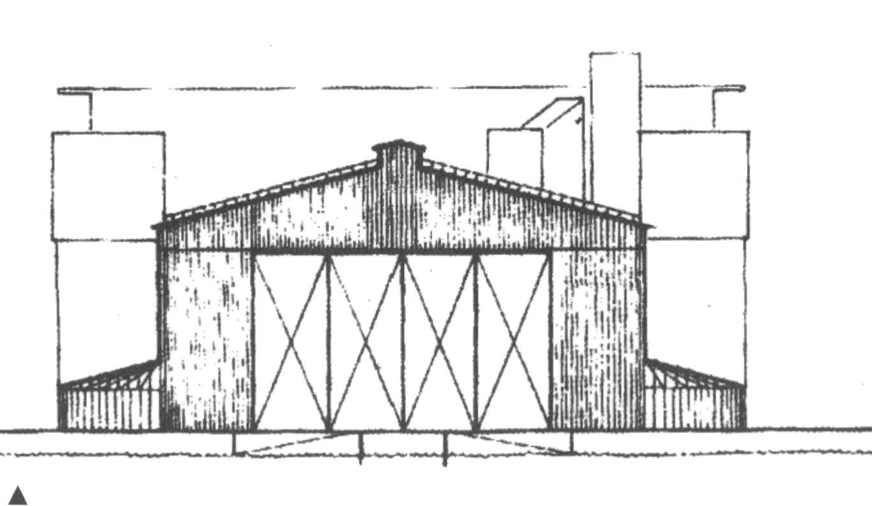

▲
船泊修理厂剖面图和背立面图

关于完成街道网络的评论

与此同时，填充街道网络的小型建筑物逐渐完工。最引人注目的建筑物包括面包房、老年住宅、艺术陈列馆和小型住宅。

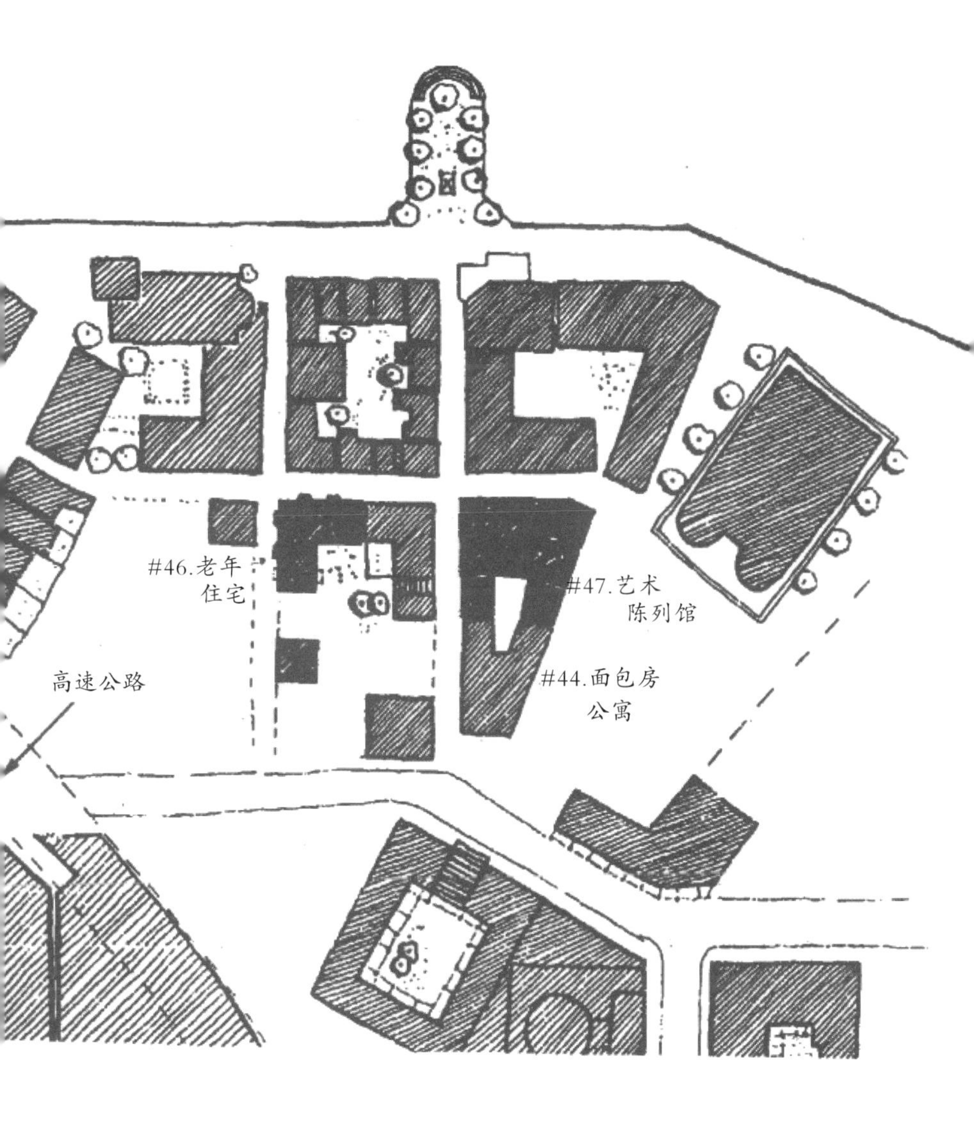

44：面包房

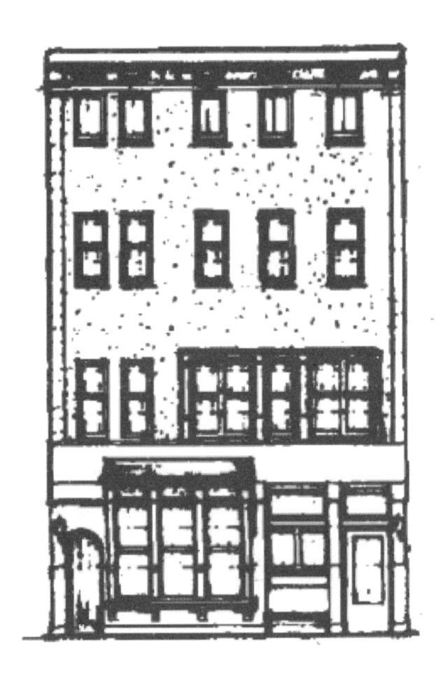

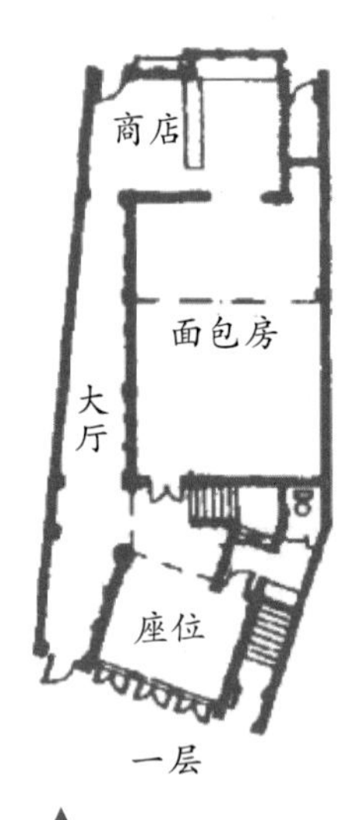

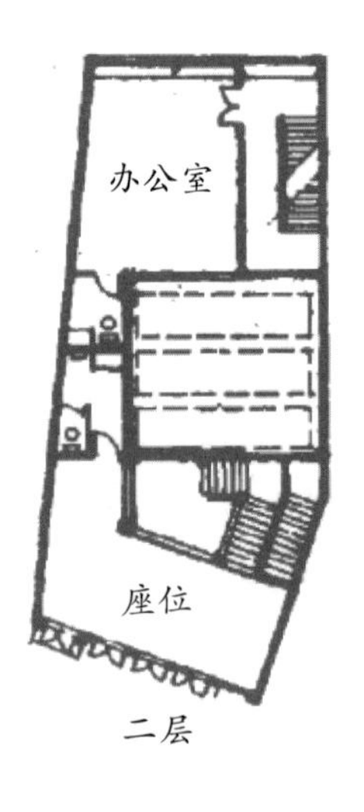

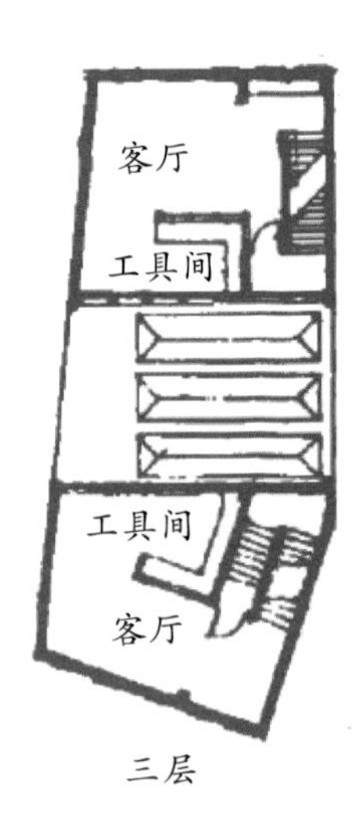

▲
面包房北立面图和平面图

46：老年住宅

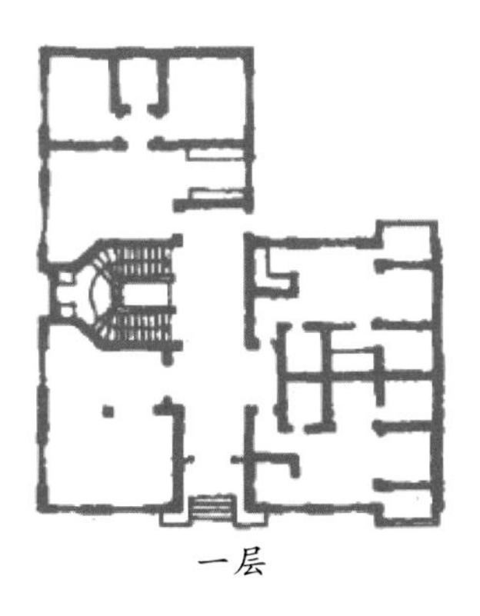

▲
老年住宅西北立面图和平面图

47：艺术陈列馆和公寓

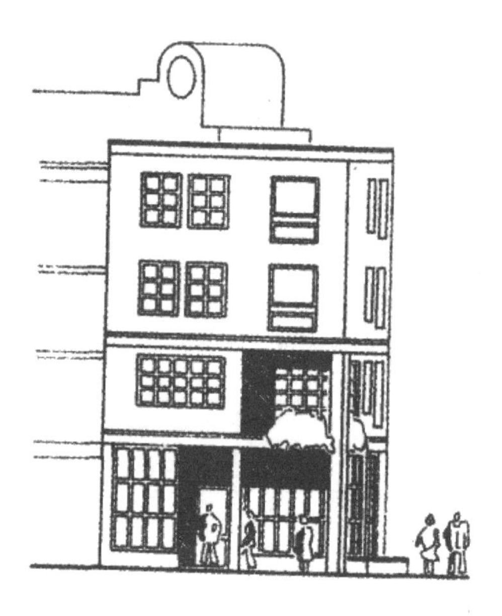

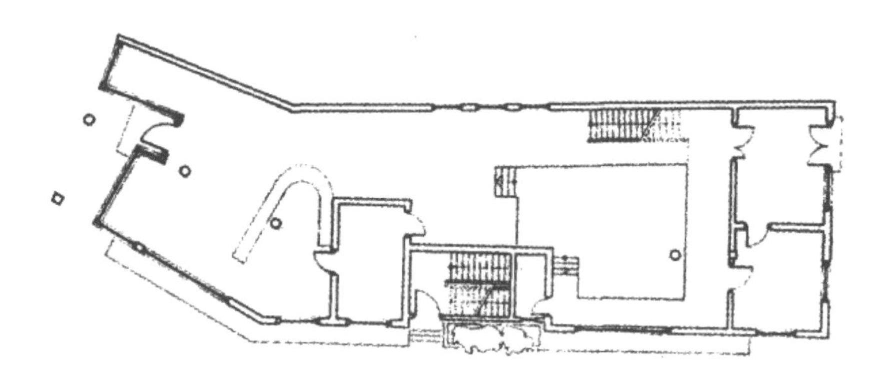

▲
建筑立面图和艺术陈列馆平面图

48：住宅

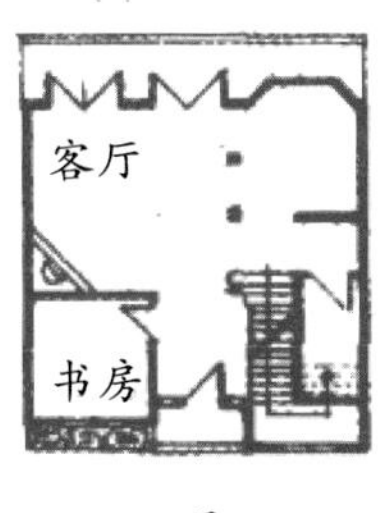

一层

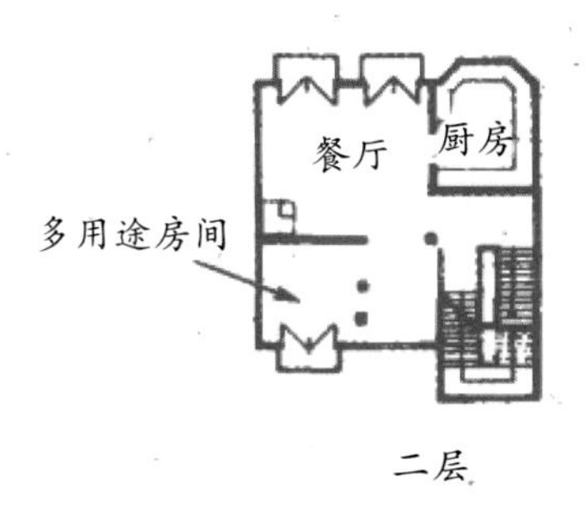

二层

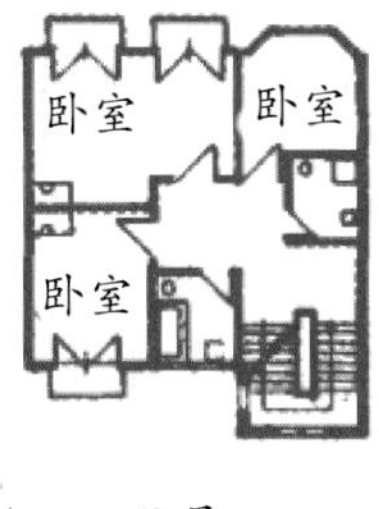

三层

四层

▲
住宅北立面图和楼层平面图

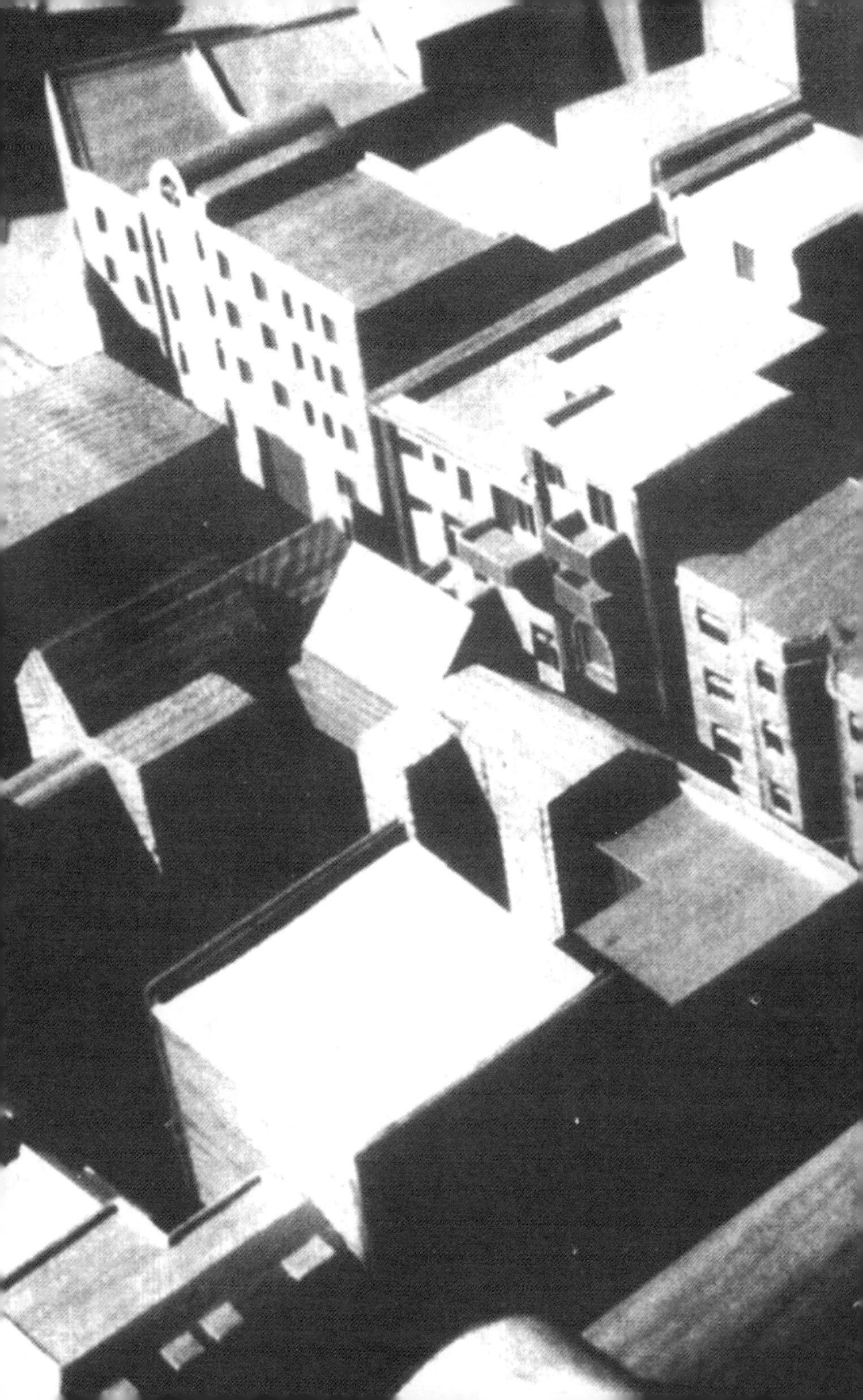

关于正在出现的整体性的评论和 49：音乐台

主广场南边的开发正在继续，主广场与近期建成的船泊修理场末端之间的空白将由音乐台去填补，这是一个很好的创意。

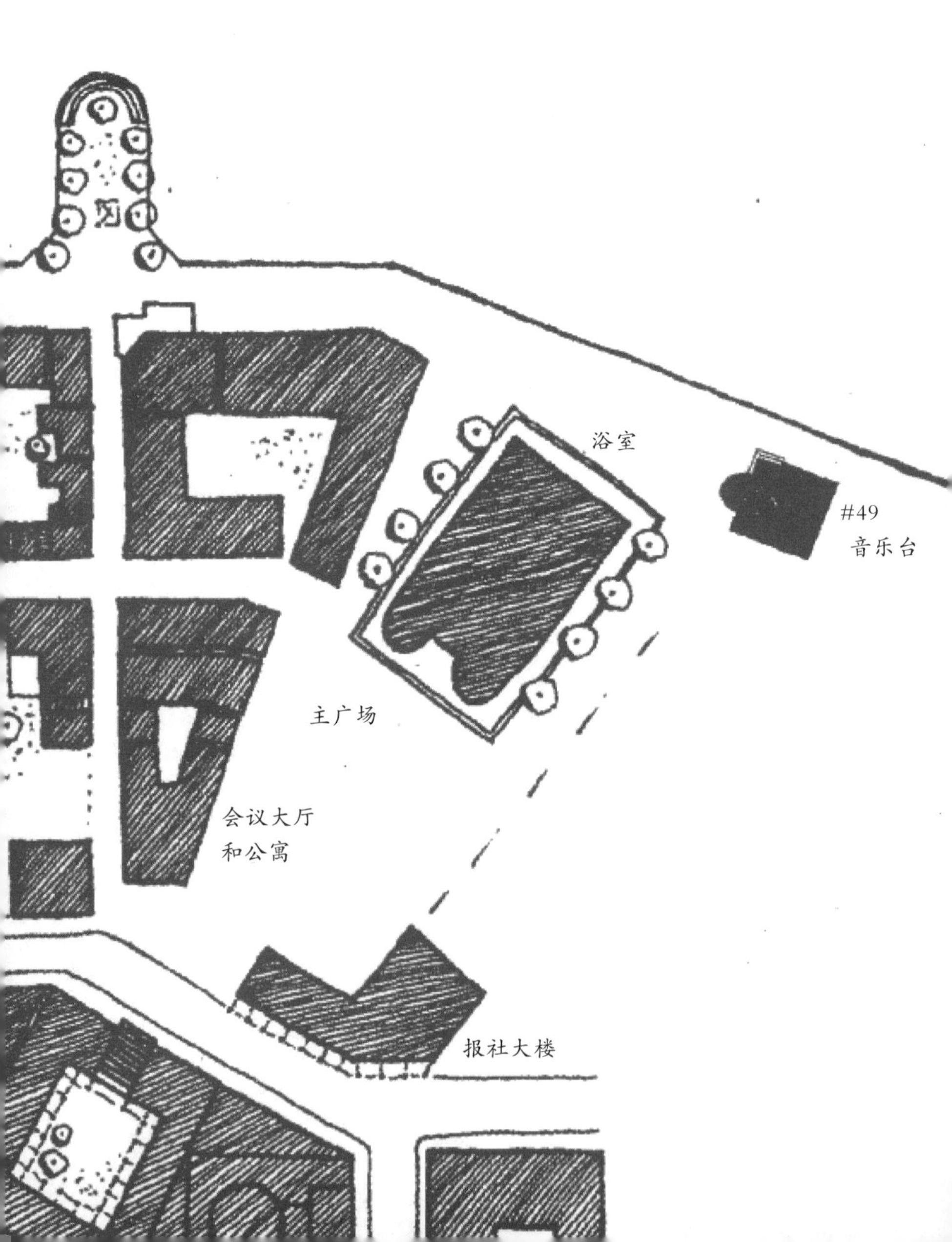

这是一个翔实的构想，由 L. 莫尔多（Leslie Moldow）设计。它不是高档房屋，但却小巧玲珑、非常迷人，填补了广场的角落。

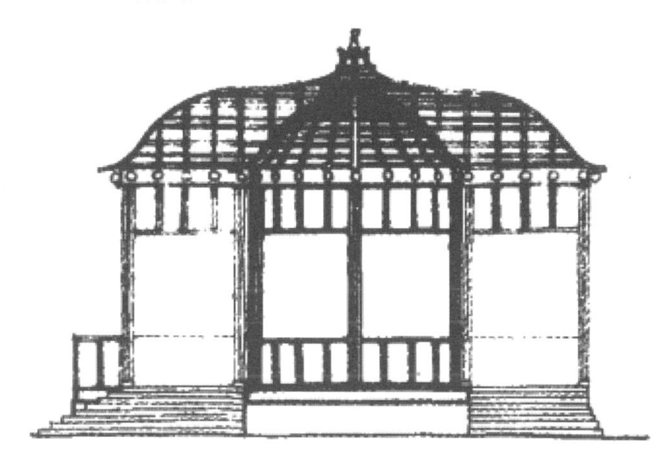

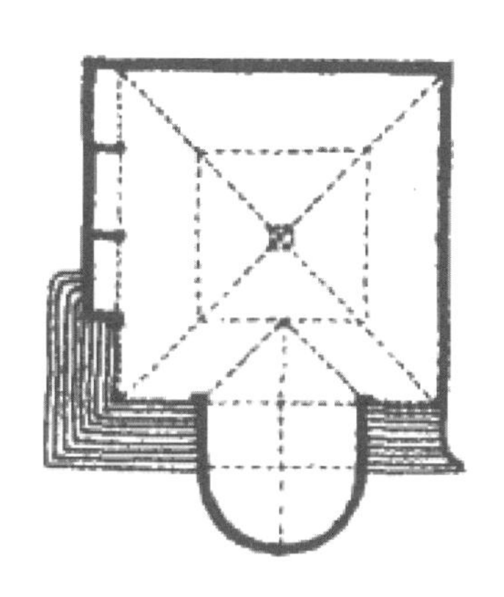

◀音乐台正立面图和平面图

音乐台一旦被建成，就会带动周边的迅猛发展。

50：24 号码头公园

H. 奈斯在当时写给委员会的信中是这样说的：

站在临海的场地上，站在浴室后面，站在广场上，我想象着我会欣赏到对面港湾桥下面的 24 号码头上的诱人景色。首先映入脑海的是一片赏心悦目的小树林，一个令人神往的去处。

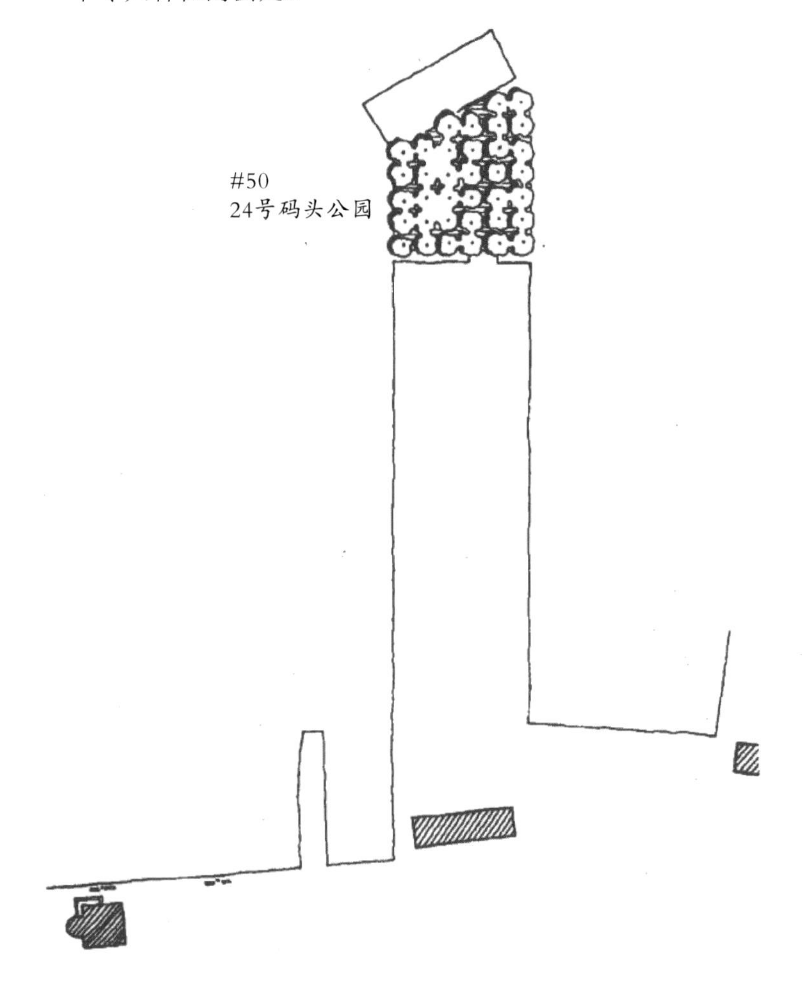

人们可以在那里歇脚、看报、绘画、打球或散步。一些同事告诉我，他们在儿童时代最喜爱的游戏是捏泥人，因此我想象着我们组的 19 个人一起在树下捏泥人的情景。

▲ 24号码头公园

评　论

现在，各个区域都在继续发展：在旧的街道网络上，在靠近主广场处，在海边，在高速公路附近等。

在现在这样的阶段，巨大的城市结构的大部分已经建成或者至少设计好了，许多项目都是为了尽力加强、发展和填充这个巨大的城市结构。

在这个时期所做的有趣的单项工程包括：

52：体育馆

53：亭榭

54：小公园

57：音乐学校

58：私人住宅

和剧院相邻的体育馆是由金惠明建造的，作为公共赞助的俱乐部，提供了社区所需要的体育设施。

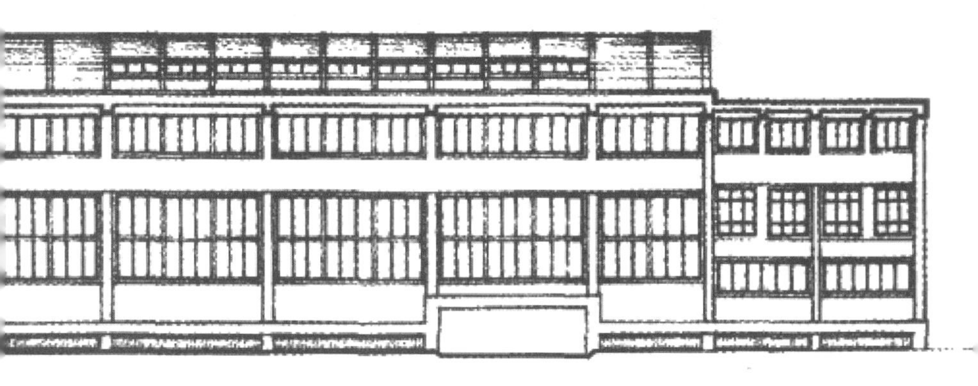

▲
体育馆西南立面图

亭榭也是由金惠明提出的，它离主广场不远，其目的是为了加强一个现有的小型码头结构并填补主广场和南端之间的空隙。

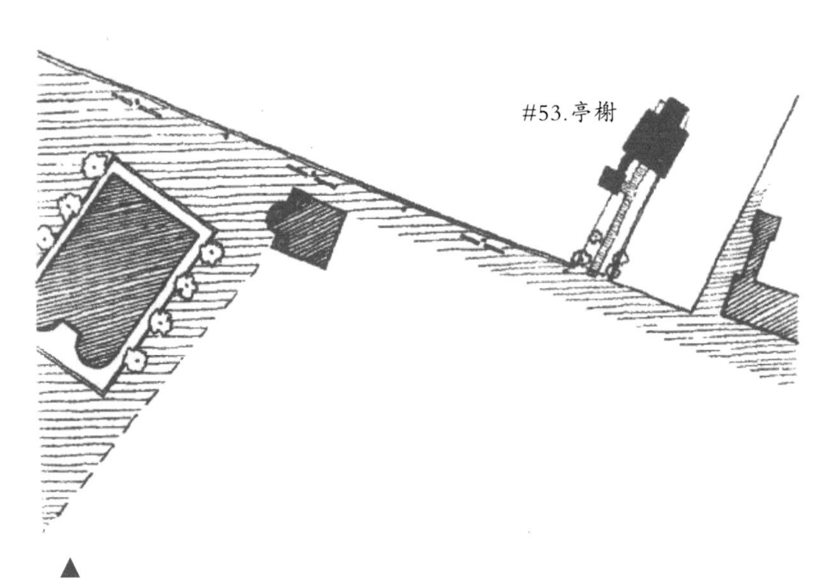

▲
亭榭东立面图和场地布置图

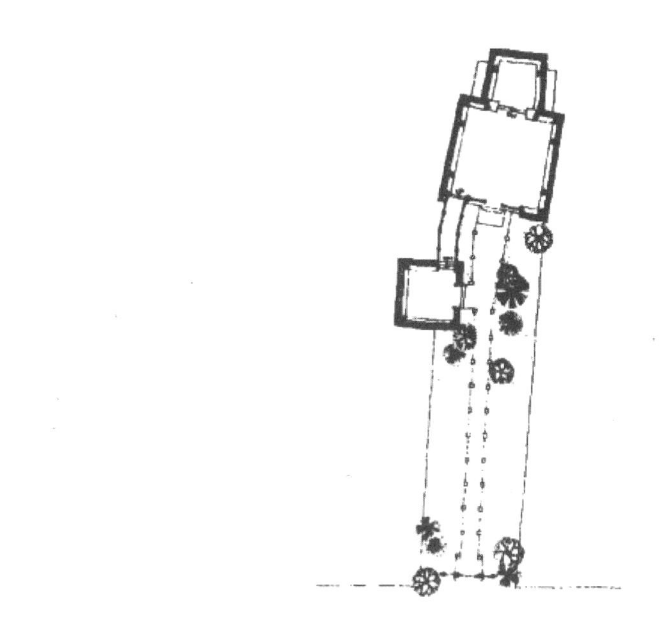

▲
亭榭平面图和北立面图

小公园有两排树，是为了强调亭榭的轴线。

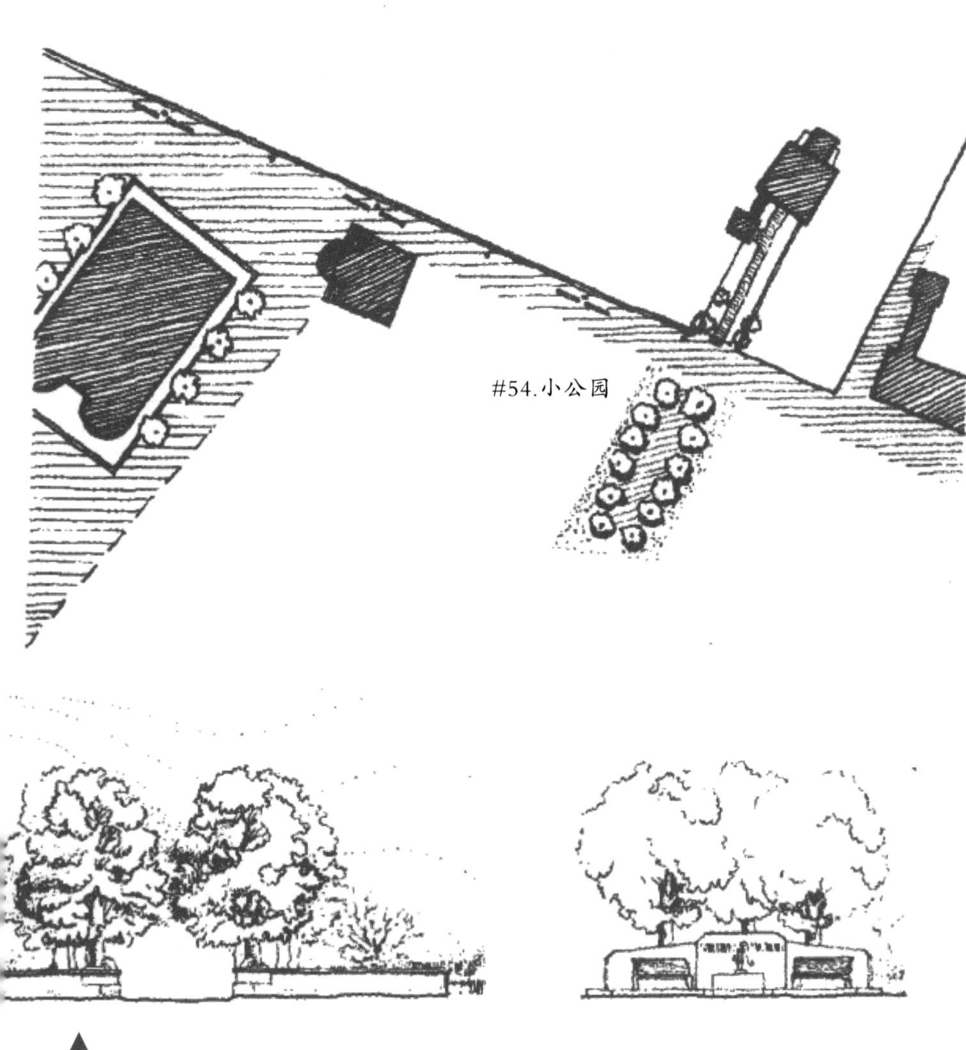

▲
小公园场地布置图和两个立面图

音乐学校有助于完善街道网络的后部。

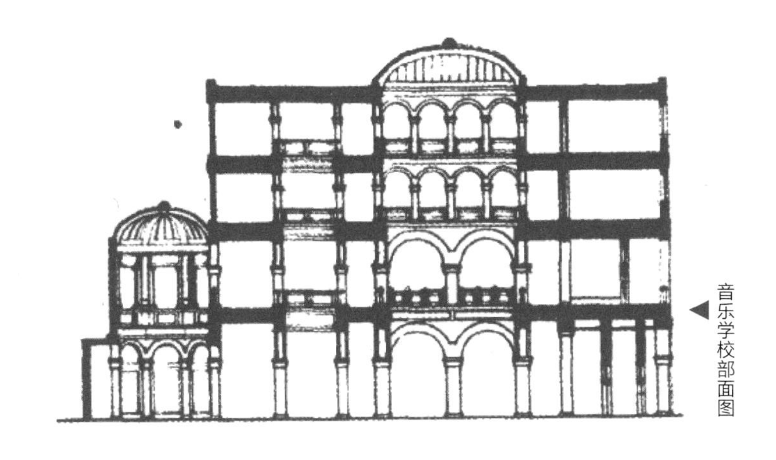

音乐学校部面图

H. 迪德里希（Hermann Diederich）设计的私人住宅是这个街道网络内最简单、最迷人的建筑之一。

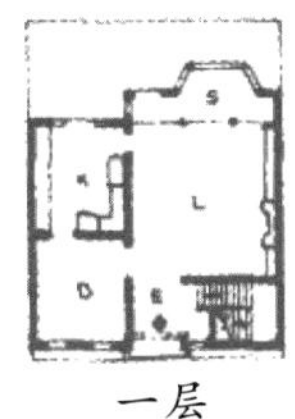

一层

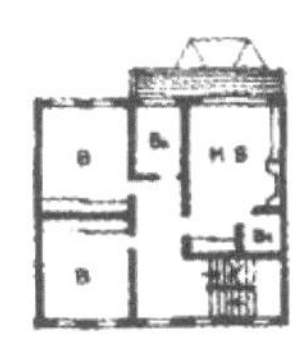

二层

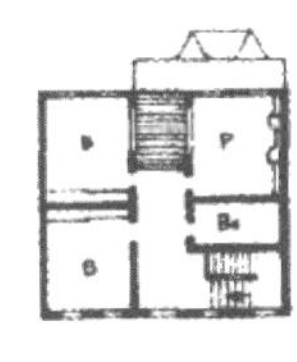

三层

私人住宅临街立面图和平面图

最后阶段的评论

目前已进入最后阶段，也是非常有趣的一个阶段。

实际上，在这个发展过程中所修建的是许多工业和半工业项目，它们一起构成了旧码头和港湾桥附近的小空间。

然而，进行到这一步，仅仅是整个进程的一半。更为重要的是我们将要描述的最后阶段的发展，也就是我们在本书中所描述的城市设计理论的未来。这个阶段的发展几乎完全不用依靠委员会的帮助就可以进行。

到目前为止，正如我们所解释的一样，这些项目前前后后都是在委员会和社区成员共同合作下产生的。委员会提出需要做什么并裁决方案，社区成员制定方案并根据他们的构想修正方案。

事实上，在第一部分所描述的法则，还没有被社区成员完全理解。尽管他们也在使用这些法则，这些法则也需要不断地被评审、解释和澄清。社区的成员在使用它们时需要不断加强培训，因为他们要运用这些法则制定方案、修改方案和监督方案的实施。总之，他们需要不断地、更好地理解和掌握这些法则。

这也反映了真正的教育过程。在现实中，当社区成员想建造某些建筑物，与委员会的成员进行交流，了解这些法则并掌握它们的深层含义的时候，这个教育过程就会出现。

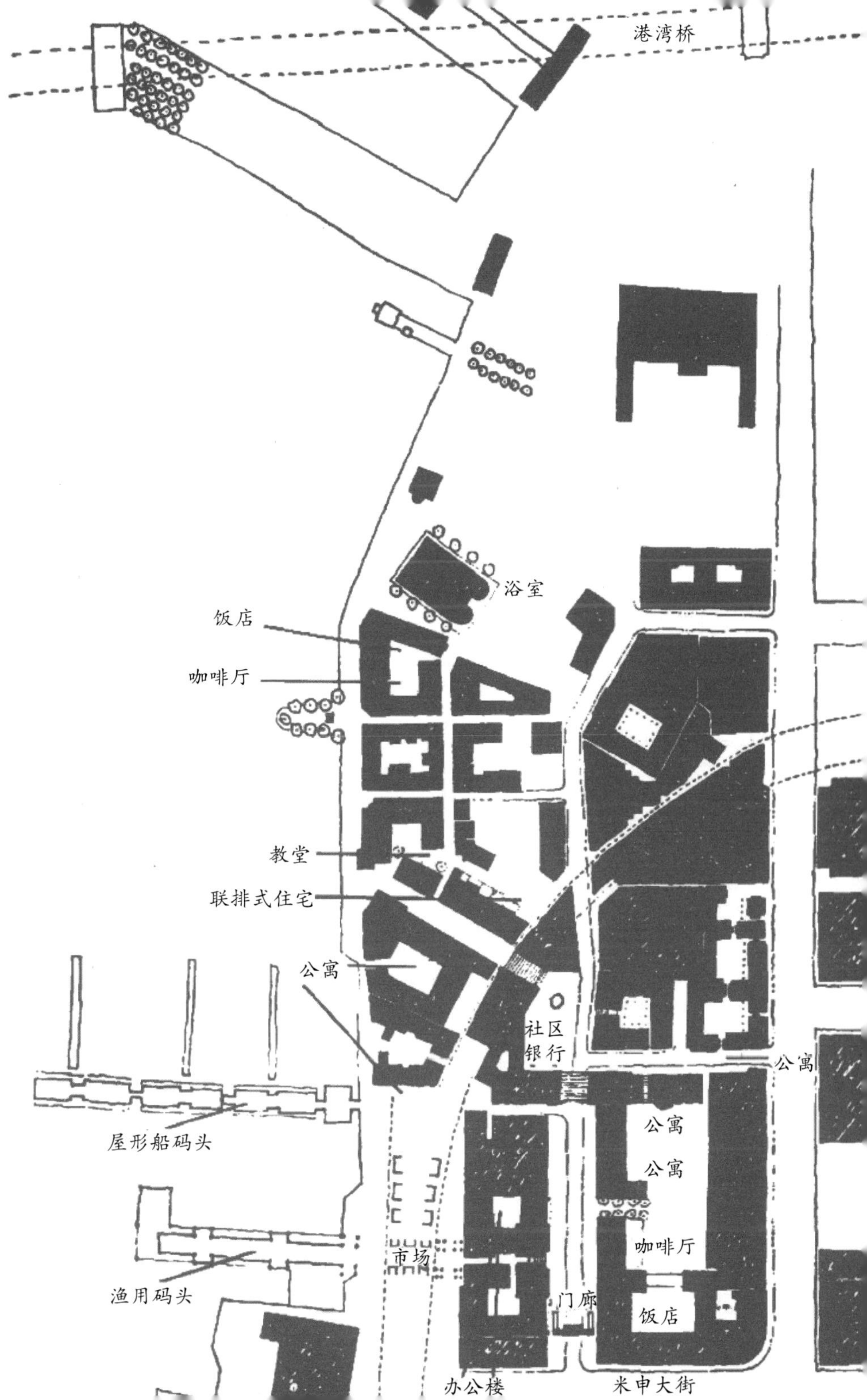
港湾桥
浴室
饭店
咖啡厅
教堂
联排式住宅
公寓
社区
银行
公寓
屋形船码头
公寓
公寓
咖啡厅
市场
渔用码头
门廊
饭店
办公楼
米申大街

ഇ

现在，在项目的最后阶段，我们一起进入一个新时期。这时，社区成员都了解了这些法则。

这并不意味着他们仅仅掌握了这些法则，或者记住了这些法则，或者非常清楚和熟悉这些法则。这些在很早以前就已经做到了。在应用这些法则的过程中，社区成员现在已经深刻理解了这些法则的真正含义和目的。我们可以概括地说，他们已经最终掌握了涵盖所有其他法则的“总法则”的深刻含义。因此，在这一阶段，社区成员就像弦乐四重奏演员一样，在没有限制、指导或指挥的条件下能够完全独立地继续进行这种发展过程。现在他们是自主的。

这种情况的重要性是明显的。如果在城市实际发展中的学习能像在模拟中的学习一样（没有理由认为它们有什么不同），我们就可以预期，经过短期培训后，社区成员也将在实践中越来越深刻地理解产生整体性的法则，然后，他们会继续独立地创造这种整体性。

这样，我们可以期望这种过程能够变成自觉自动的过程而不需要人为地进行维持（像区划过程一样），能够深入社区成员内心，继续在社区内发挥作用。因此，它可能是一个能够在内部作用，以一种真正有机的形式保持社区健康和整体性的过程。

现在让我们看一下这个过程进行的最后阶段。

59：仓库

方案首先由H. 弗罗耶（Hubert Frogen）提出。或许是受到码头的工业特色和附近希尔斯兄弟咖啡厂的启示，弗罗耶提出在前两个码头之间的入口处建造一组仓库。

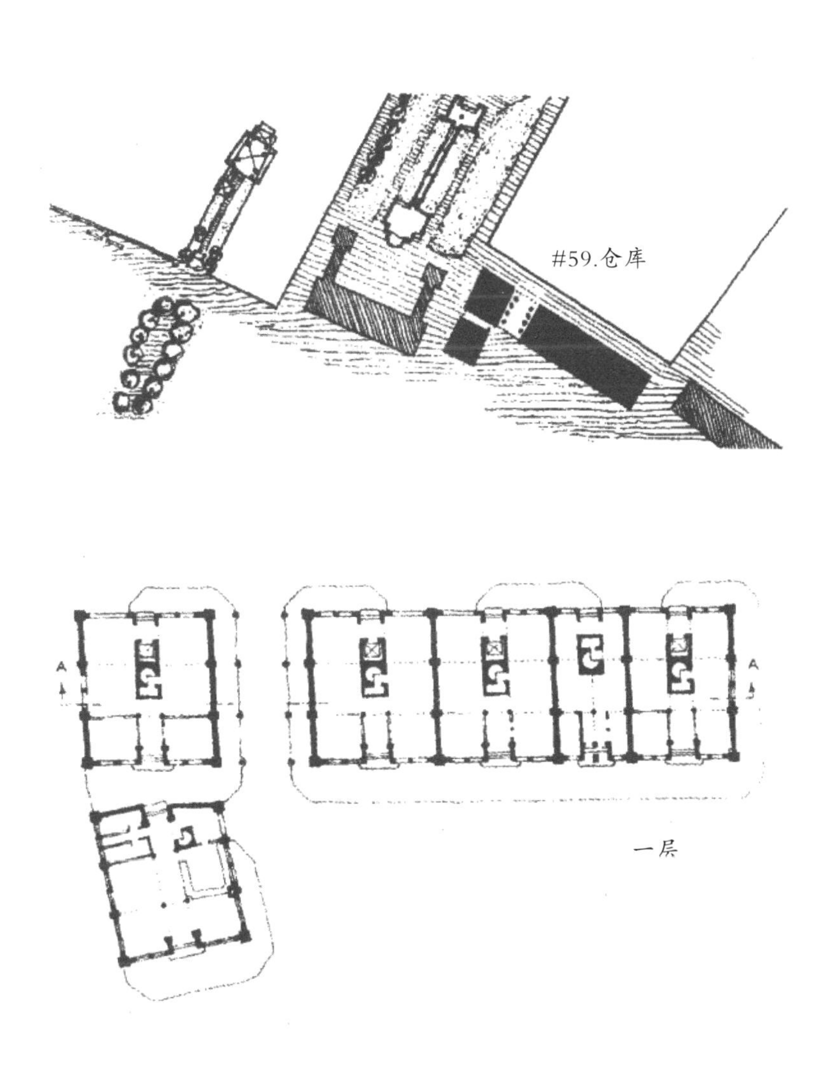

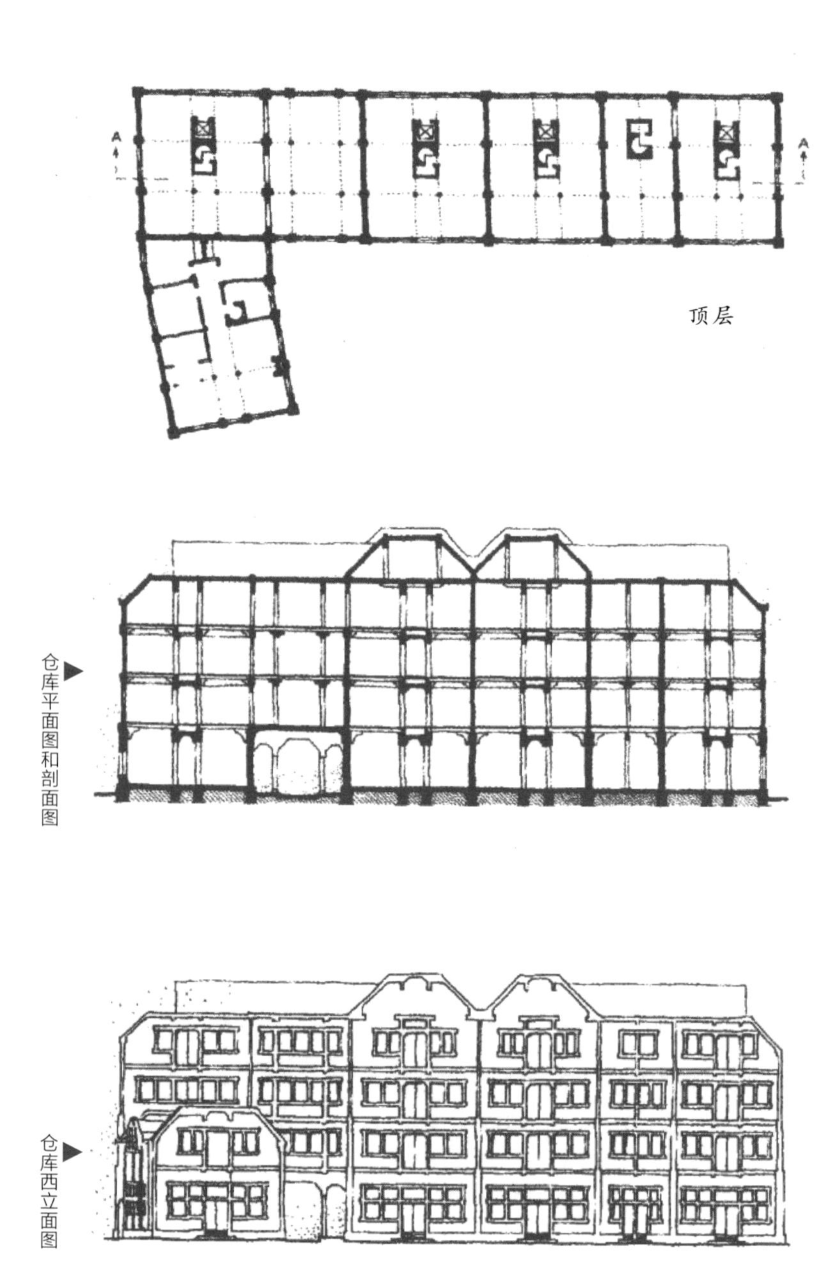

仓库平面图和剖面图

仓库西立面图

然后，在离海更远的地方建设了两个非常大的项目：

60：社区停车场和办公楼

61：汽车经销处

接下来，主广场和仓库区之间慢慢地开始形成街道，同时在中间形成两个中型中心：小广场和靠近码头的小公园，一如先前所介绍的。

63：图书馆

64：餐馆和长条公寓楼

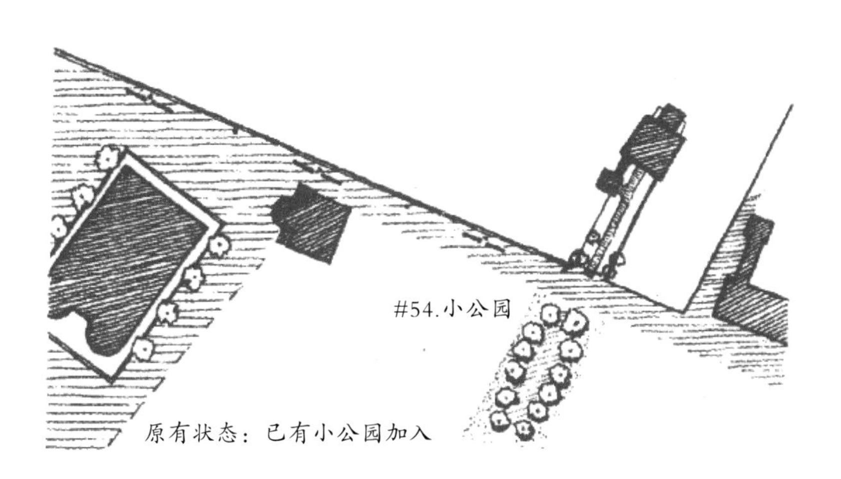

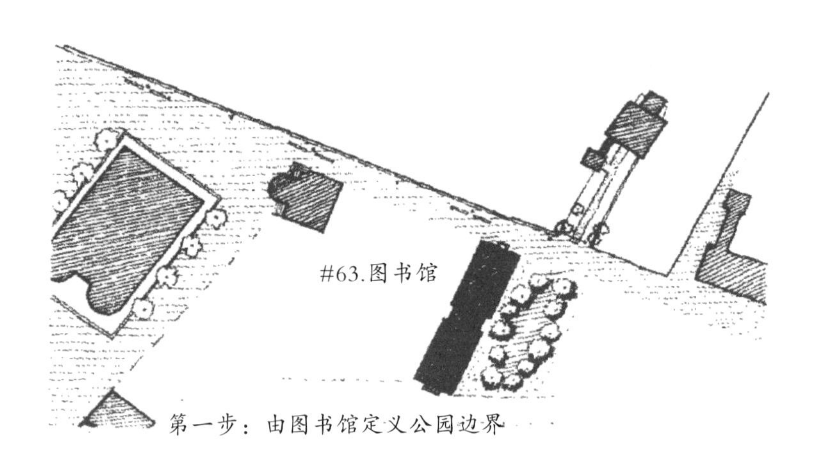

第一步：由图书馆定义公园边界

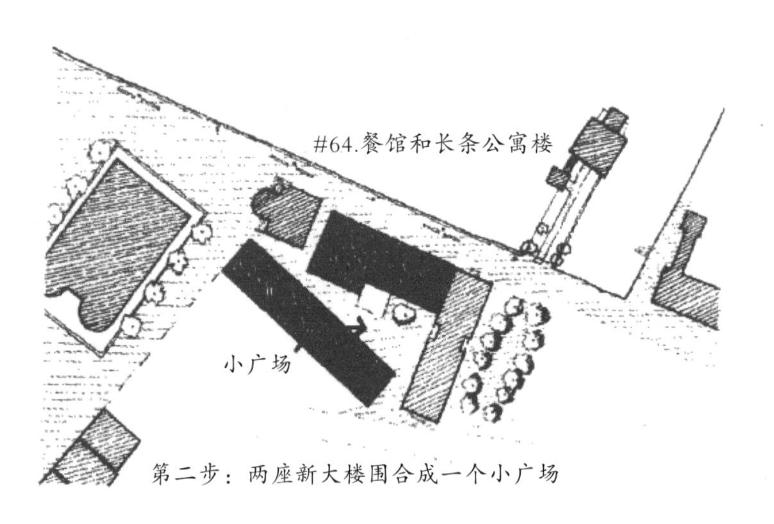

第二步：两座新大楼围合成一个小广场

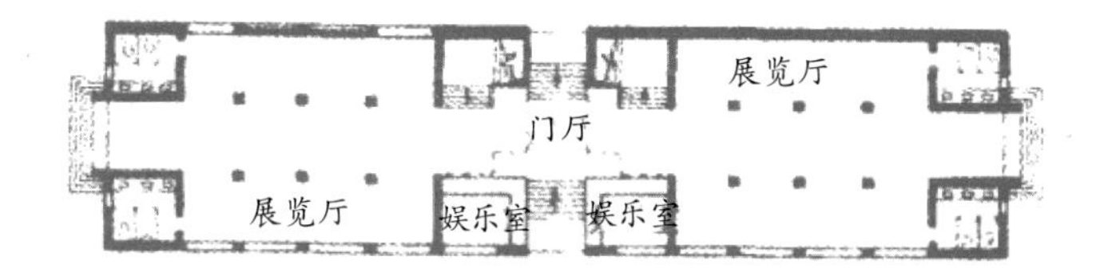

一层

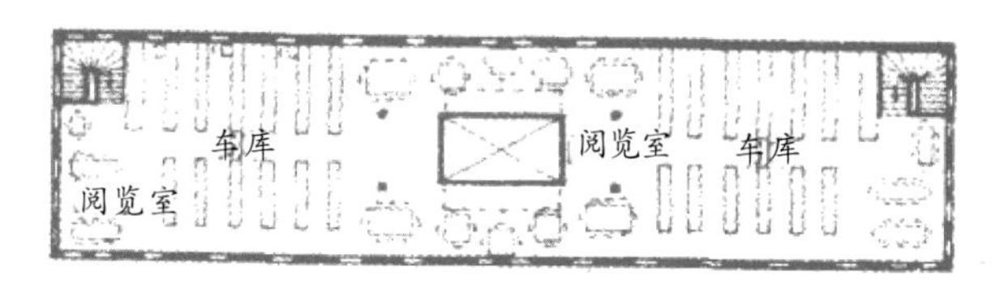

三层

◀图书馆立面图，楼层平面图和剖面图

为了填充带有公园的图书馆和仓库区之间不明显的空间，J. 麦克莱恩提议修建一个家具厂，B. 格鲁尔克（Bruce Grulke）提议修建一个电子厂。这些工厂形成一个小型的“劳动广场”，使最后阶段的建设变得具体。这些工厂需要卡车进入，接近仓库，靠近水边，位于可通行重型车辆的街道末端。

65：家具厂

68：电子厂

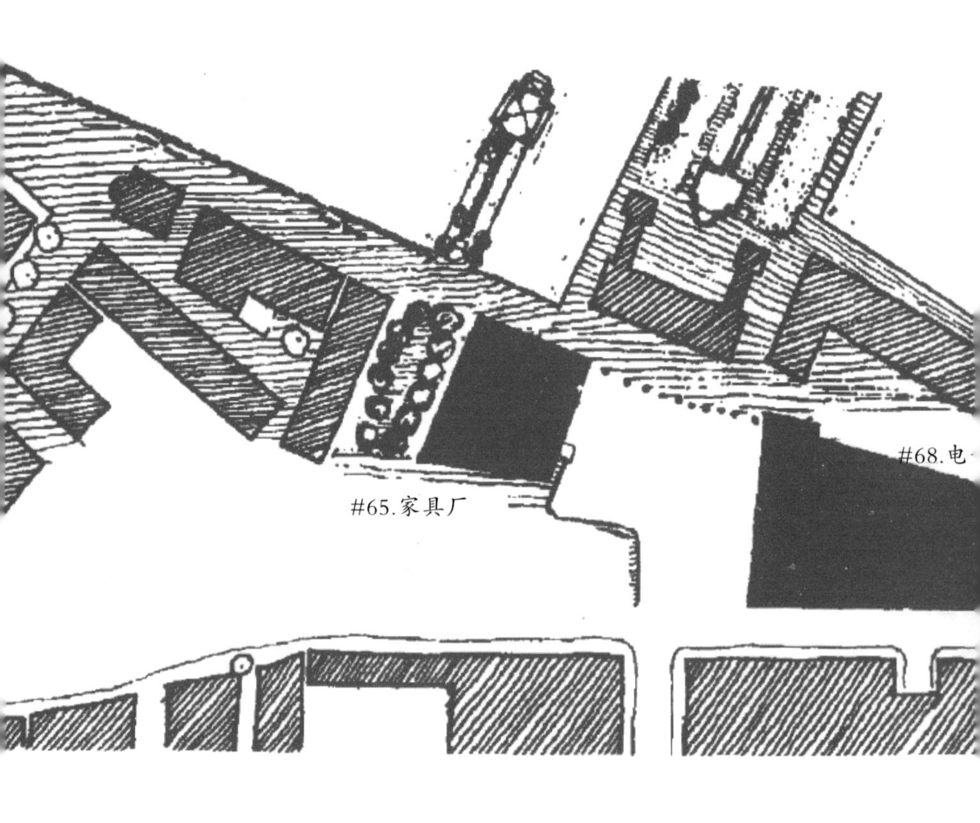

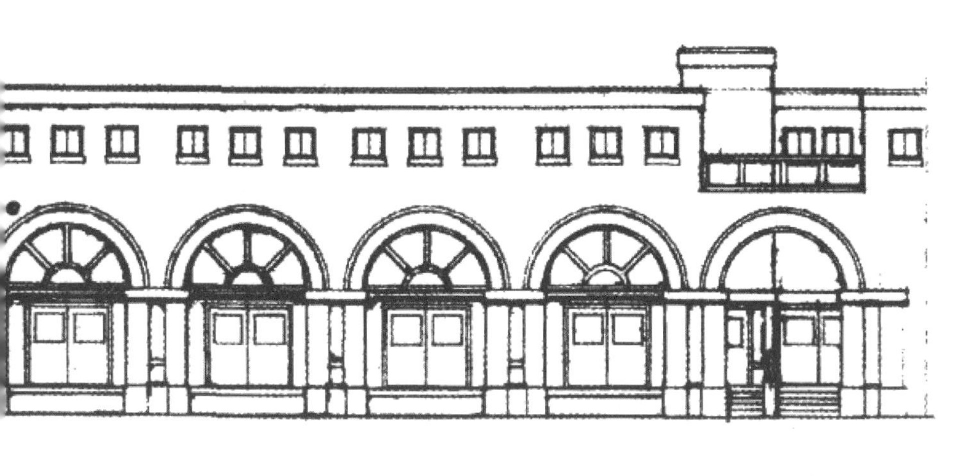

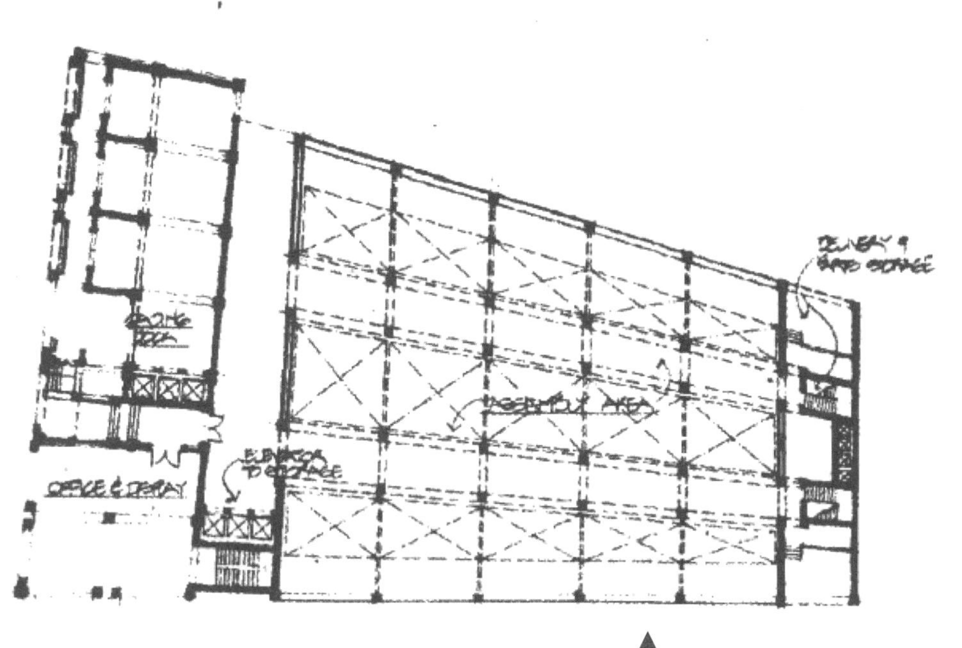

电子厂立面图和一层平面图

不久以后，又增加了两个小项目，使正在完成的劳动广场开始形成自身明显的特色：

71：护柱

72：地面铺砌

护柱确定了卡车交通的边界，也有助于使劳动广场不仅具有工业化的特色，而且具有丰富的人文色彩，这在今天的城市里是很少见的。

▲
广场上的护柱

广场的地面铺砌有助于增加特色，吸引人们到海边去。

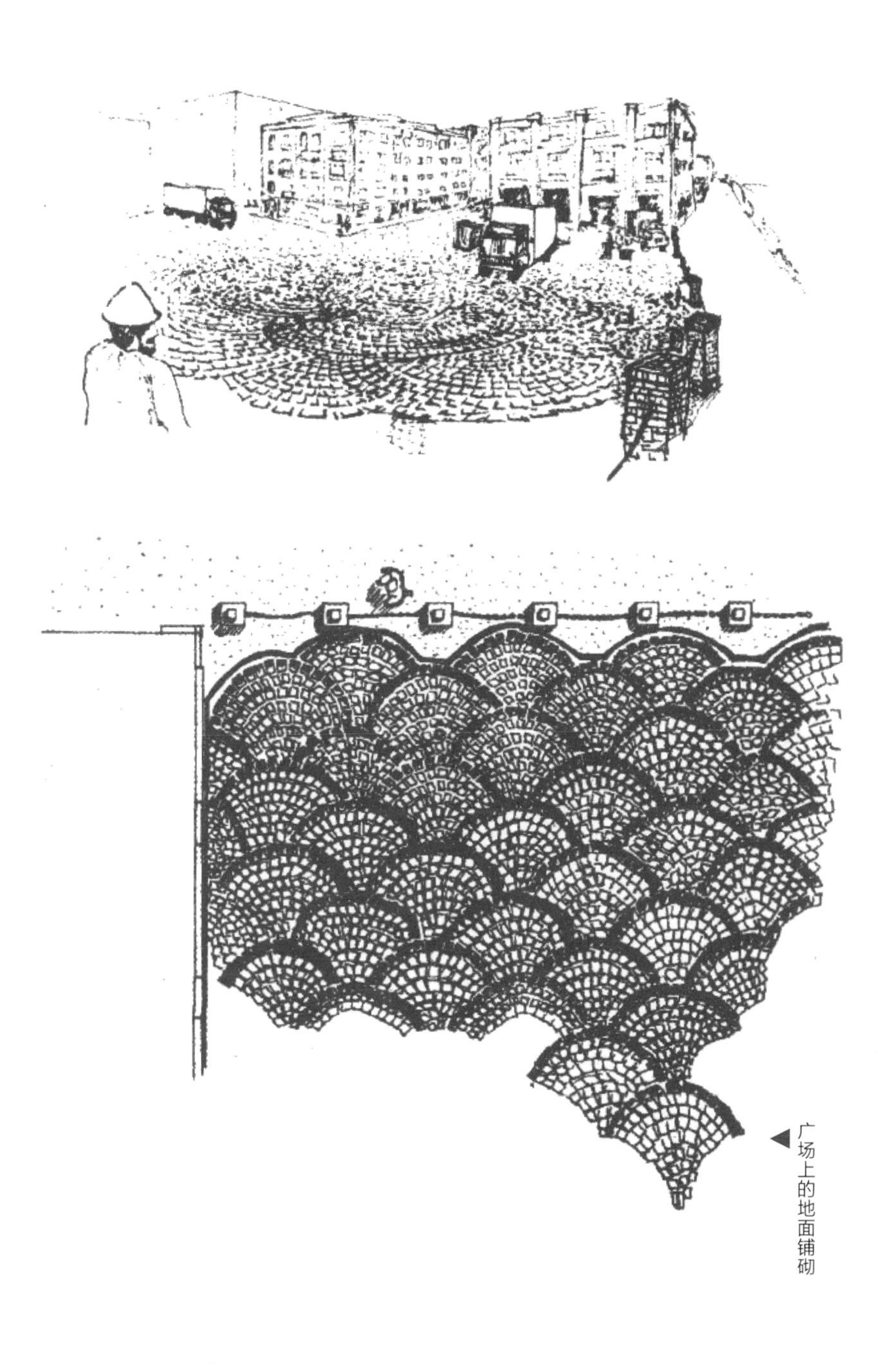

◀广场上的地面铺砌

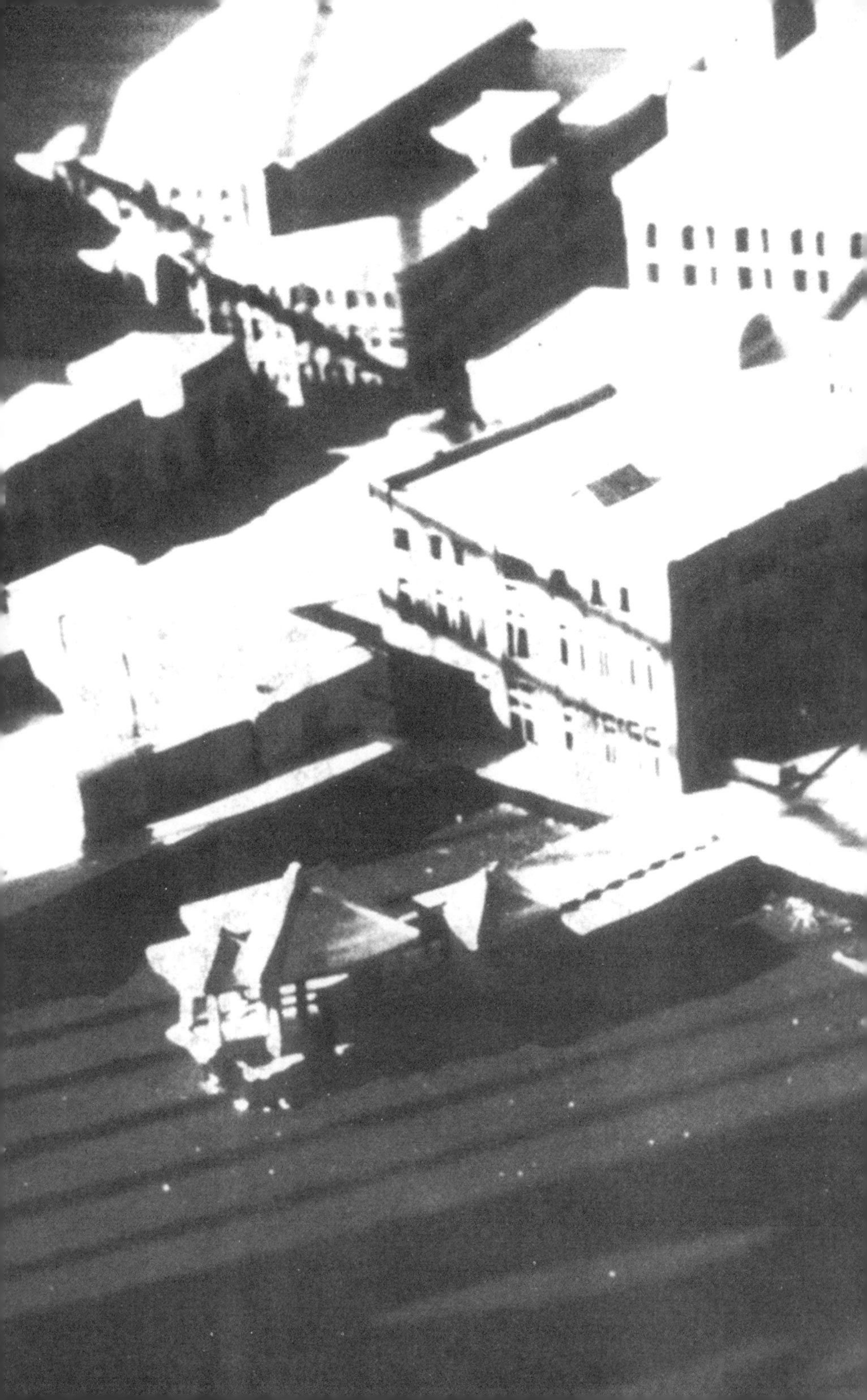

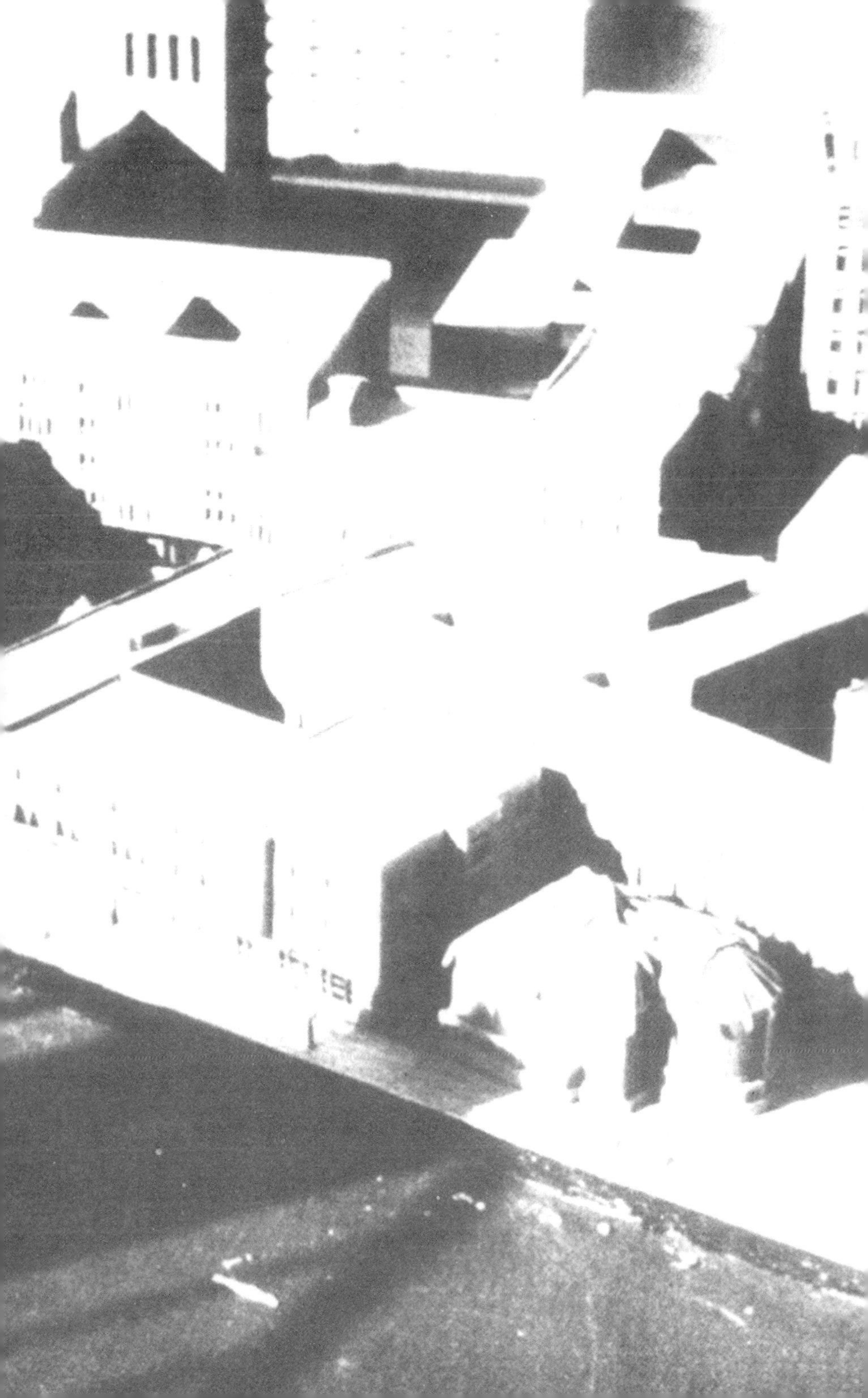

评　论

其他一些或大或小、正在建设的装饰构造，都完善了这个项目，填充了大部分空隙。

74：围墙

为了把大桥下面孩子们的玩耍场地封闭起来，修建围墙是一种简单和经济的方式。玩耍场地曾是一个地面肮脏的场地："这块场地没有进行特别的处理，只是由墙围成的一片脏地"。

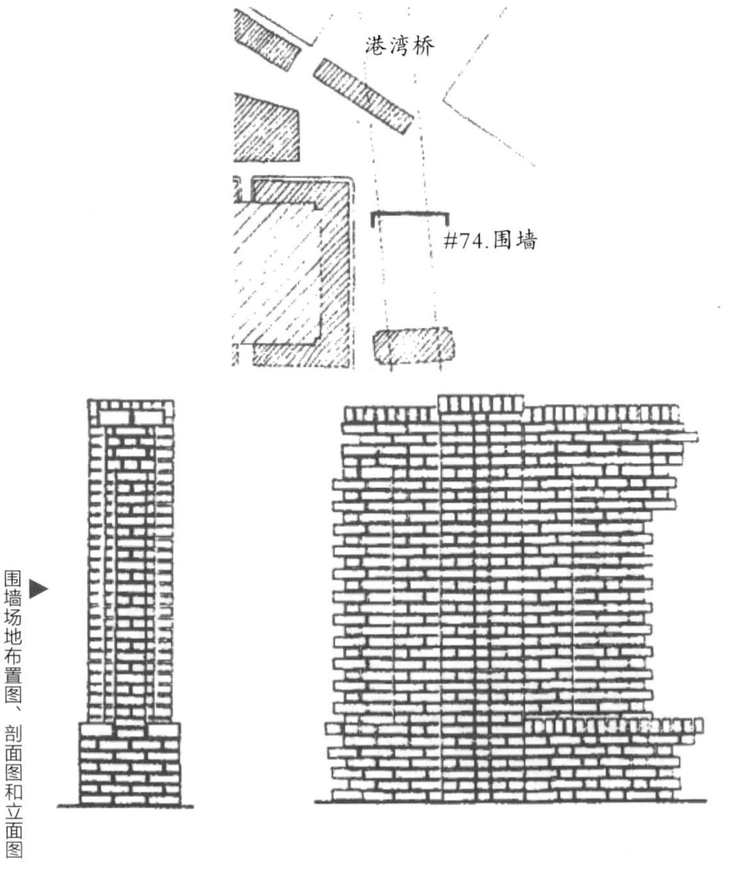

▶围墙场地布置图、剖面图和立面图

80：保健门诊部

在主广场附近有一个相当大的保健门诊部，它与广场以南的步行街相连，过渡得非常和谐，使这条街道显得生机盎然。

#80.保健门诊部

83：铺砌层

海边的所有道路都是精心铺砌的，漂亮的路面洒上水后闪闪发光。

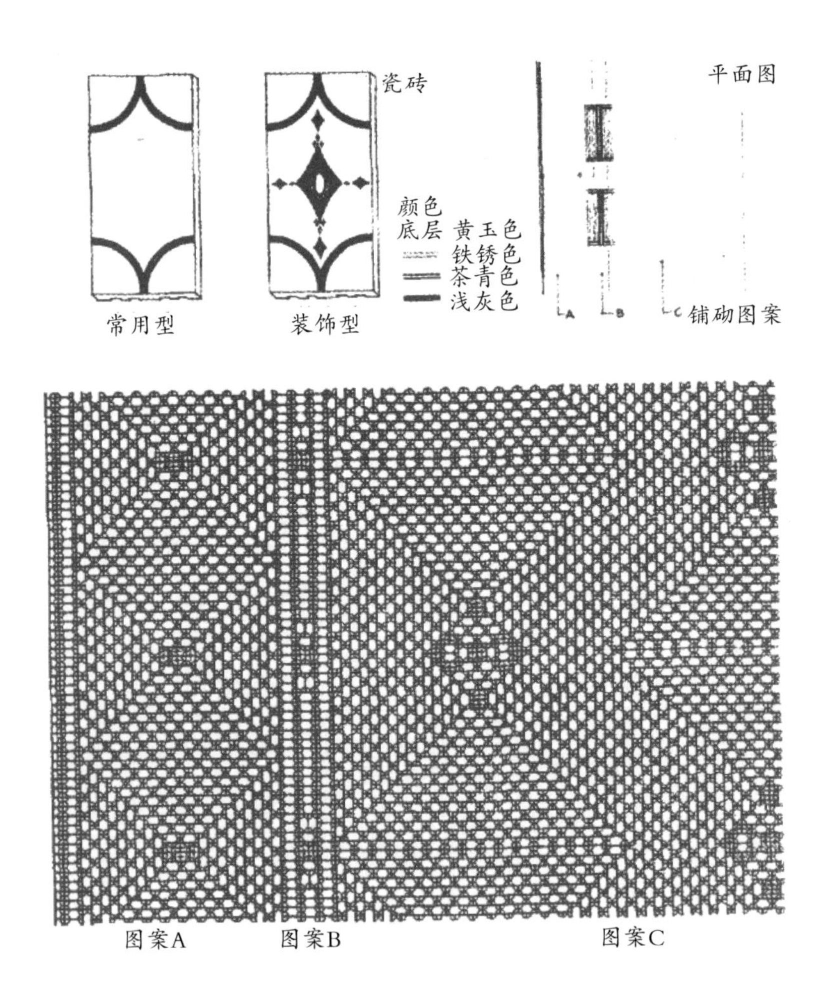

84：亭子

在剧院、音乐学校、报社大楼和集会厅中间有一个张贴公告的亭子。

88：喷泉

阿泰米斯（Artemis）说："在人行道和海滨大道相接的教堂后边，已经有一个非常小的私密场所，处于教堂和一排房屋之间。我感到那里需要某个建筑小品将人们引向那个地方。我想象着在教堂的后墙有一个小喷泉，旁边有一个石凳，喷泉和石凳都在一棵大橄榄的阴影下。"

喷泉是用市政工程的资金建造的。

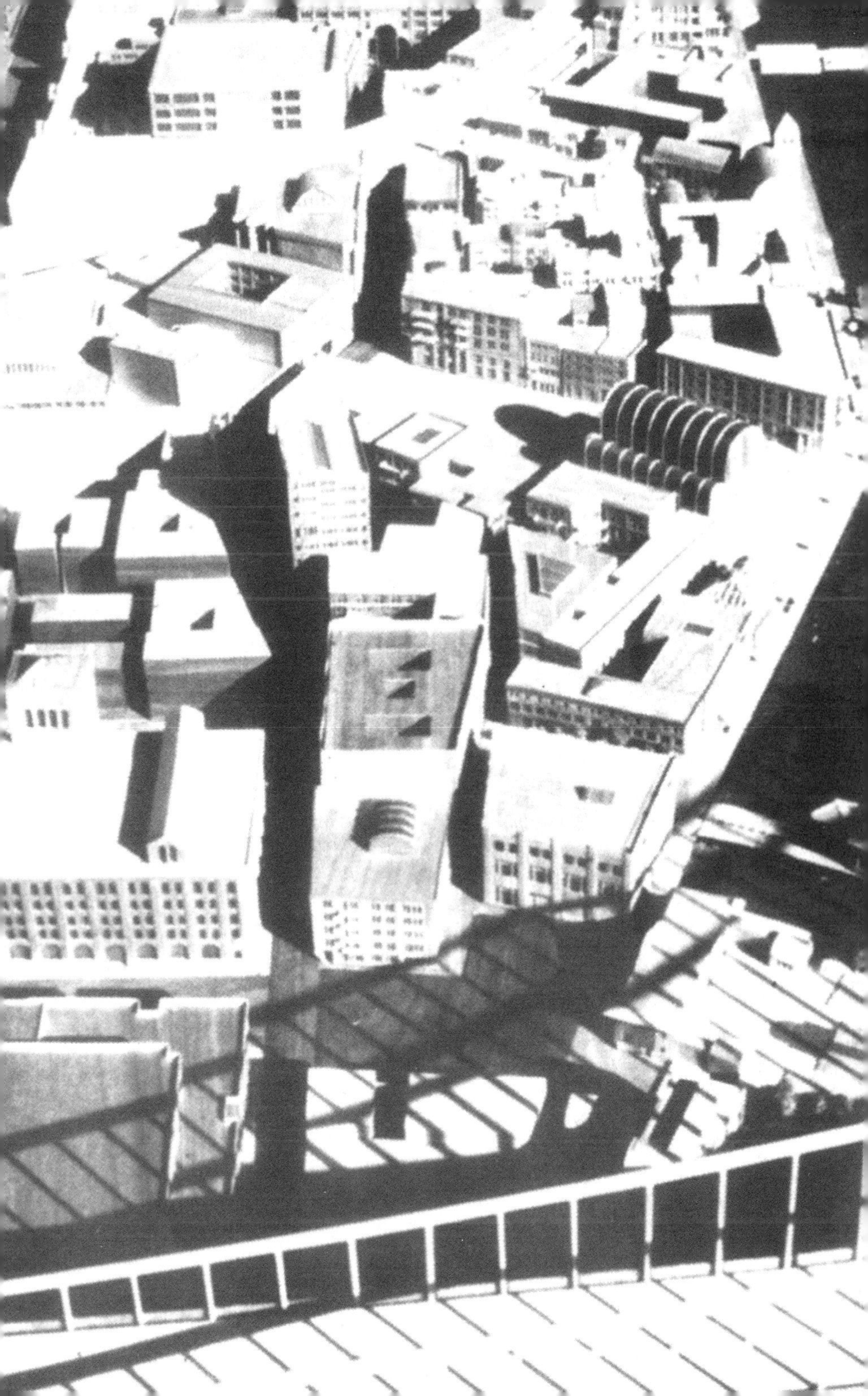

PART Ⅲ.EVALUATION

第三部分

评估

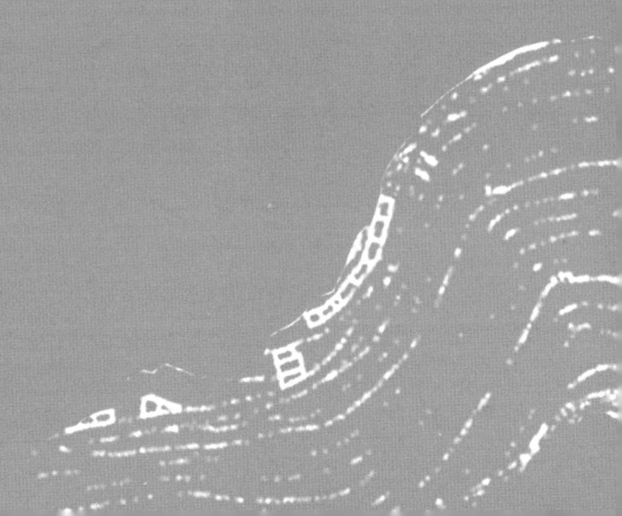

ꕥ

总而言之，我们的实验是成功的，它足以表明我们已经提出的理论是基本正确的。另外，也有一些问题和公开的争议，有待于进一步研究。

首先，让我们说明它成功的方面。

很明显，已经建造出的城市的确有我们在古老的城市中所见到的某些积极的特征和结构。它确实带有许多过去那些最漂亮的城市所具有的有机的、个性的和人文的特点，这种特点似乎是环境成功的主要因素。它显然不带有最近几十年的多数“城市设计”项目那种过分的静止不变的特点。基于这个意义，我们说实验是成功的。

这个项目还有一种令人喜悦而舒适的随意性。它是宽松的，用一种便利的方法，使不同的建设项目在一起，以一种自然、友好的方式产生整体性。基于这个意义，我们也可以说它是一种成功。

但是这种成功只是部分的。首先，城市原有的自然特征比起我们想象到的更加强势，原有的建筑物往往不像我们希望的那样平静和统一。

其次，这种大规模结构不像我们所设想的那样完全。尽管主广场、林荫道和街道网络等的总体布置相当别致和新颖，但它还不具有像阿姆斯特丹或威尼斯那样的高度统一性。但我们确实相信，通过运用我们的理论，人们最终能够达到那种高度的统一。

最后，建筑物真正的物理特征是相当离奇的。我们努力确保建筑物互相谐调，然而这种努力的一种副效应竟是：产生出一种没有想到的特有风格。

总而言之，该项目的统一不像我们原本希望的那样理想，只有部分的统一。而古老城镇中的那种典型的简单性和统一性在我们的项目中还没有出现。

为了更加充分地了解造成这种部分失败的原因，我们现在将进一步讨论上述三个问题。

1. 建筑物的风格

人们可能会开玩笑地说：那种理论明显产生出一种19世纪末的伪文艺复兴建筑风格。即使我们不会到那一步，但我们也至少必须承认在整个项目期间所呈现出来的有形的风格是有点令人不解的。

我们十分肯定：出现这种风格的主要原因是关于施工的法则6被制定得不够完善。因此，学生们不得不依靠他们对于委员会所谓“好的施工”的感知力来应对问题，他们在这方面往往是幼稚的。遗憾的是，我们自己对于法则6的制定也不十分熟练，以致它难以促成更单纯的风格特点。我们看到这种“风格”朝着相当奇怪的方向发展，然而已经来不及补救。

尽管任何施工法则的正确制定都将在建筑物中产生更为传统的外观，包括更多的细部结构、窗框、檐口、基础、结点精致的柱子等，但这种奇怪的19世纪风格却并非我们本意。我们考虑对法则6重新制定，使它能产生更为一致的风格。这一特点是非常重要的，也是应该首先考虑的。

2. 大范围秩序的缺陷

更为严峻的是，正如我们所谈到的，我们感到这个项目还没有完全理解最大范围内的秩序问题。

一个真正的中心区域应有张有弛，既划分鲜明又浑然一体，紧凑与松散相互映衬。有些中心是集中的，如主广场或大门。其他一些则是比较发散的，如街道或街道网络，这更像是若干小中心在区域内的重复循环。

在实验的法则内，单体建筑很难用这种有节制的方式形成更大的中心。这种情况的发生似乎是由于在法则2中所表达的大型整体的思想还不够有力。

例如，主广场的状况。如果这个理论是完善的，我们相信它不仅会在中心附近的某处产生一个主广场，而且会产生一个梯田式的梯度辐射。这种梯度可以影响整个项目，在这个梯度范围内，项目的每一部分都会“指”向主广场。因此，整个项目的构图结构会有一种倾向中央的梯度，即整体都朝中间“倾斜”。威尼斯的情况就是这样。在威尼斯，主广场（圣马可广场）不仅是一个独立的实体，而且也是场地效应的一部分，在这里，所有小广场、岛屿和桥梁的结构和布置都略微朝向圣马可广场，以突出它的显要地位。

只有获得这类效果，我们才可以说主广场不仅是一个长达400ft的大块头，而且它也是该实验包含的所有项目的结构核心。

但是我们在主广场建设时没有取得这类成果。并且我们在其他一些较大的整体中也没有实现它。因此，遗憾的是，即使我们采用了打算产生大范围整体性的法则2，我们创造的仍然只是某种部分的过量的组合，而不是一种独立的形式完美的整体。

迄今为止，我们不知道怎样修正法则2以便产生独立的形式完美的整体，从而代替部分的组合。然而，肯定能够想象出一种比我们现有的法则2更加明确、果断，更积极有力的法则2的修正本。

例如，在我们的实验中，学生和老师有一种默契，我们试图轻而易举地得到大规模秩序。这种默契可以得到发展，在此基础上制定更为有力的法则2，就像街道网络的情况一样。

街道网络之所以能够成功，是因为网络被具体理解为一般的和非正式的，而不是通过生硬的绘图设计或行政手段做出的。

因此，整体性可以由每个不同的参加者制定和理解，而真正出现的整体也可以被灵活而有机地解释。每个人仍然可以用一种与他（或她）的特定项目的微妙细部相一致的方式自由地修改这个整体。况且，真正的整体发展不在于对一种法则的古板解释，而在于通过不同的人，采用不同的议程对这种整体性思想进行解释。

我们在小的街道网络方面的成功，使我们相信这些方法能够被更广泛应用，以取得更大的成功。一个类似的更为广泛的过程可以带来更大规模的成功。

然而，在整体中必须保持具有远见的特点，并且不允许任何僵硬的管理或总体规划来控制这个过程，这是非常重要的。实现这一过程的精确法则形式仍然有待研讨。

3. 道路系统

根据现有标准，我们对交通道路的处理肯定被认为是不寻常的。

在法则 4 的 4.4 部分，我们已经解释了：我们有意将公路交通摆在次要位置，即公路交通随着建筑物和人行空间的位置而变化，而不是像如今常用的做法——由公路来决定建筑形式。

这个原则是极为重要的。

然而与此同时，我们所创造的公路系统在一定程度上说是不正式的，或许不能用于更大规模的项目中，因为在较大规模的项目中，街道、入口、停车场和联运的连通可能起着更重要的作用。

在实际实验中，我们没有完全采用法则 4.4，而是根据某些非正式的理解来补充它，这一点也必须说明。例如，我们都认为主干道会与海岸保持平行，并有一定的距离，有步行街通向海边。我们都认为沿着海边不会设公路，所有停车场都设置在远离海边的地带。这些非正式的共识与最后一节提出的创造大规模秩序的整体思想相同，它们可能挽救了这条法则，而且在现实中是非常必要的。

很明显，我们必须要找出某种更为完善的修正方式重新制定法则 4.4，以使公路系统变得有条不紊，同时遵守建筑物和人行空间的限定。

ꕥ

现在让我们转到理论中存在的更为严重缺陷的方面。

目前我们所讨论的问题都属于理论范围内。它们主要是由于没有很好地制定法则 2、法则 4.4 和法则 6 所造成的。我们有各种理由相信，这些问题能够通过重新制定这些法则来解决。从这个意义上说，这些问题提示我们：这个基本理论本身尚不完善。这些问题的解决会使这个基本理论变得更为完善。

我们现在论述一系列主要问题，这些问题不是这个理论之内的问题，然而是与这个理论相关的问题，一些实施过程中的问题。

很明显，在我们提出的理论中，到目前为止还没有涉及实施的问题。事实上，这个理论和实验的成功都是基于一个事实，即我们有意地忽略了目前关于城市设计、区划、城市管理、财政和经济方面的法规。但是，为了使这个理论得以成功，这些问题最终当然要得到解决。

问题是当前城市设计中实施的方法与实现这个理论的方法有着极大的不同。我们已经描述的过程与今天的城市设计、区划、城市房地产、城市经济和城市法规不协调。每个项目都受到正在出现的城市整体性法则的指导，这种事实的确与目前城市发展理论有着本质的不同。

它与区划不同，区划试图强制人们在城市发展中执行固定的法则，而不用考虑城市发展的整体性；它与规划不同，规划试图通过制订计划，然后填补缝隙的方法来创造整体；它与城市房地产理论或银行贷款政策不相符，这两者根据能够从一块土地中获取的利润来确定如何最有效地利用这块土地。

我们所展示的这种过程的单纯形式甚至与目前的土地所有权形式不一致。我们模拟中的单个项目并未受到地界的指引或限制，相反，每一项目不管占用何种空间都似乎需要使其整体化。如果只是注意在目前的所有权模式和概念下的地界线，这种整体性就不会产生。

这些与我们所定义的过程相关的主要问题与在第一节中列出的三个问题有着完全不同的顺序。它们之所以不同，首先是因为我们在实验过程中没有把这些问题当成缺陷。我们把它们列为问题，是因为它们在当今的社会中，在现有的规划法规和规划过程中需要被修正。

的确，我们认为当今的机制是有很大问题的，因为它们与我们已经描述的实际发展过程明显不一致。我们指出的这些只是生动地表明今日的方法、概念和程序与整体性的愿望是如此彻底地不协调。这是一个非常严重的问题，需要引起社会的关注。但是仅仅这样说是不能解决问题的。

然而，采用我们已定义的那种过程重新制定城市的建设机制，是一项非常艰巨的任务。仅仅说明现有的区划、规划、经济和土地所有权与我们的理论和实验不协调是不够的，我们还需要准确地表明这四种机制可以如何被实际可行的方法改变，以便我们所定义的这种建设过程能够真正在今天的城市中广泛实施。

到目前为止，我们还没能做到这一点。在这个项目进行时，我们在大学的理论研讨会上做了适量的讨论。但这些问题在大学的纯理论氛围内是无法讨论清楚的。

可以说这是在我们提出的理论中所存在的最严重的缺陷，当然也是它最大的长处，因为这种理论能够模拟一种全新的研究类型和对城市问题的解决方法。为了解决这些问题，找到答案，我们必须进行现实中的实验，而且负责这个建设过程的城市官员和其他人必须尽力寻找解决问题的办法。在这些条件下，我们相信能够找到重新制定和定义城市建设过程的方法。

ꙮ

最后，让我们回过头总结这种理论的有效成果。对于最后的讨论，我们再次回到“总法则”。

概括起来说，第一部分所给出的七条过渡法则足以产生必要的城市结构。它们在极为不同的层面（包括不同的规模层面和抽象层面），确实组成了一套法则，这套法则原则上几乎足以通过缓慢发展产生一种健康的城市结构。它们是相当现实的：具有可操作性，并且有条不紊。但是或许它们还不够深刻。它们能够产生一种城市结构，这种结构在功能上是正确、完整和连贯的，但是它们本身不会产生一座动人的城市、一座富有风情的城市、一座深刻的城市。

或许可以说这种深刻性本身不会是任何法则的产物，而必须是创造者和建造者表达心灵深处情感的产物。当我们在某些过去的大城市中感受到这种深度、这种感人的精神时，我们的确有这种体会，因为这些城市是那些受到深刻精神感染并通过建筑弘扬这种精神的人类杰作。

总的来说，这的确是真实的。精神的深邃是不能被“制造”的，然而我们相信，正确而深入地应用总法则本身就包含了我们在所有伟大的传统城镇中观察到的精神。这意味着城市空间的产生最终必须更多地建立在对于总法则充分理解的基础上，而不是建立在七条过渡法则的机械应用上。为了有这种理论所引导的方向感，我们现在将努力用比过去更为具体的方式重新定义总法则。

让我们回头审视七条过渡法则。这些法则是不同的；它们处理不同的主题：大主题、小主题、一般性主题和特殊的主题；它们处理停车场、建筑形状、楼房内柱的位置、建筑与它周围城市空间的关系、窗户的形状、公园或儿童游乐场的位置。在这层面上，它们是相当不同的。

但是从另外一层意义说，这些法则是非常相似的。它们都论述整体性问题。在第三章所写出的法则，每一条都在我们的进程中以某种方式影响着城市中某个具体的整体，指明了这些整体如何能够更加具有整体性，以及如何与其他整体相联系。

注意，这种审视告诉了我们某些原先所不知道的东西。

从一开始我们就知道，一条总法则告诉我们去创造城市整体，而具体法则详细地告诉我们如何去做。我们现在看到的则完全不同。每一条具体法则都在告诉我们如何才能实现城市的整体化。这些方式包括确定一群或一组辅助“整体”、告诉人们如何形成这些辅助“整体”和如何使它们整体化。

这里好像是在做文字游戏，但是并不可笑，而且很重要。这是因为：①我们将“整体”（whole）这个词的意思理解为一种独立实体；②我们将“整体”这个词的意思理解为健全的东西。

正是“整体”一词的两种意思的结合才制定出了已经被提出的所有法则。

每一条法则通过告诉我们让某些确定的独立实体或整体（含义①）更为整体化、更为统一而起作用。它总是通过告诉我们在整体范围内坚持创造其他的实体来达到这个目标。因此，独立实体的形成，即其他整体的形成，使得原来的整体更为整体化。

为了清楚理解这一点，让我们逐个考虑每条法则。

以上原则在法则2中得到了非常清楚的表达。法则2特意强调每种建筑行为都必须为创造更大的城市结构发挥作用。也就是说，这条法则规定，每一个建筑项目所产生的新的整体必须同时有助于某些更大整体（城市结构）的形成，这种形成过程是逐渐进行的，是通过单个建筑来一一实现的。当然，这条法则规定每个建筑实际上都应参与创造至少三个不同的更大整体：帮助填充一个更大的整体，帮助定位一个更大的整体，帮助提示一个更大的整体。因此，法则 2 的作用是相当明显的。当然其他法则也是如此。

法则 4 下面有一套子法则，即确定城市空间形成的法则。这种在小范围内作用的、同样的一般原则，每条都在积极促成某些特殊的整体，比如停车场、人行道、公共露天空间、道路、室内空间和建筑群。

例如，法则 4.1 明确要求每一个建筑群都有助于在它周围产生一个可识别的、切实可行的人行空间“街区”。法则 4.5 规定当停车位严重短缺时，必须创造一个完整的停车体系。法则 4.5 还规定这种停车体系不可以紧挨着人行空间，以便保护人行空间的整体性，而另一条法则要求停车体系必须尽可能被其他建筑物所环绕，以减少停车体系对于周围的更大空间的负面影响。

总之，这些法则使得在公共城市空间水平上存在的不同整体相互依赖，并以某种确定的方式相互协调，以保护它们共同的整体性。

如果我们注意法则 5 的子法则，我们就会在更小的范围看到这种一致的结果。这里我们用法则来描述一个建筑的组成部分（它的若干辅助整体）是如何与建筑本身（主整体）相联系；实体或由主入口定义的整体是如何被进入的人一眼就看见的；拱廊或通道或庭院如何在建筑物中存在，并通过安排它的更小的整体来明确比它更大的整体性。第三章的最后几条子法则（5.21 ~ 5.25）中，我们还描述了单个的房间、办公室和等候区如何形成和布置在一起，以保证它们各自的和共同的整体性。

在法则 6 中，我们看到了同样的结果。现在我们考虑更小规模的结构，开间、柱、梁、建筑物基础、窗户形状、屋顶，以及单个柱、柱头和窗框的形状。

在处理渐进发展的最基本方面的法则 1 中，我们又一次看到同样的结果，并处于基本的层面。我们在这里看到了更大的整体（全区域）是必须从许多小的整体中建造起来的，这些较小的整体的分配是根据其大小和作用来确定的。

法则 3 或许是最令人费解的，它论述构想问题。即使在这条法则中，我们也看到了同样的结果。任何一个建筑项目出台之前的功能构想，必须从根本上把所设想的项目变为明显可完善周围结构或从周围结构中“跳”出来的东西，变为修正、增加、扩充和完成周围结构的产物。

最后，法则 7 增补了另一种观点。我们在第一部分中论述到，整体是由一系列“中心”所组成，整体结构必须最终被理解为中心。法则 7 用一种粗浅的方式确定了一个中心的几何形状，这有助于每个整体几何形状的形成。同样，一个给定整体的整体性或“可健全性”取决于这个整体是如何成功地由其他整体所组成并互相贴合，这一现象对于确定几何概念是十分必要的。

这是整个七条法则的详细内容的主要旨意。第三章中所有不同的法则的共同目标在于试图产生一个更大的整体性，这种整体性可以通过创造若干中等的和小型的整体来实现，通过考虑不同层次上的较小整体之间的各种具体关系来实现。

一些有关总法则的新的解读浮现出来，而这是我们以前不知道的。

为了清楚这一点，我们可以用下列基本方法从理论上重新定义这一条总法则：必须通过增多空间中存在的整体的方式，对每一个建设项目进行选择、定位、规划、成形并给出其详细设计。虽然这还不是关于总法则的全部内容，但它使我们能够更进一步正确理解总法则是如何发挥作用的。当总法则以这种方式被遵守时，就开始出现一种合理的保障，即空间变得更为整体化，城市也随之逐渐走向健全。

从实践经验的观点看，我们可以得出什么结论呢?

我们已经证实，完全由对整体性的探索所激励和指导的建设过程，产生出与当前的城市设计实践完全不同的效果，并且进一步弥补了当今城市所具有的缺陷。

我们工作的中心思想是：只有当城市结构是来自单个建设项目和它们包含的生活，而不是由以上的法则强制出来的时候，城市发展过程才能产生整体性。更大的城市结构和公共空间只有从这些单个项目中涌现出来，才能形成整体性。

我们已经发现，产生城市发展过程的整体性所必需的详细法则，是能够用一种很容易被理解和使用的准确可行的方式来表述的。

我们相信：我们所提出的整体方案为城市问题的讨论提供了一种全新的理论框架。它是一种新的理论的开端，这种新理论非常强大，可以接受质疑，并能够解决很多老问题。

ACKNOWLEDGMENTS

我们向下列全体学生表示感谢，他们与 H. 奈斯和 A. 安尼诺合作完成了前面章节中的工作。如果没有加州大学员工和学生的努力，这个实验是不可能成功的。

Colette Cage

Shohreh Daemi

Hermann Diederich

Hubert Fuoyen

Bruce Grulke

Ramzi Kawar

Hye Myoung Kim

Takeshi Kimura

James McLane

Leslie Moldow

Mahn Oh

Carsten Schmunk

Alice Sung

Martine Weissmann

这些学生工作非常努力，他们建造了照片中漂亮的模型并完成了这些项目的全部绘图工作，他们所做的工作远远超出了他们应承担的职责。

我们还要感谢 H. 戴维斯（Howard Davis），他作为兼职教师对这个项目作出了非常有益的贡献。

同时我们还感谢 M. 瓦特曼（Marian Wattmann），正是她在编写这份手稿时孜孜不倦的工作，才使本书最终得以完成。